高等职业教育"十三五"精品规划教材（机械制造类专业群）

模具制造综合实训

主　编　李春玲　张　超

副主编　徐胜利　郭英妮　张晓军　周娟利

主　审　易细红

中国水利水电出版社
www.waterpub.com.cn
·北京·

内 容 提 要

本书按企业模具制造流程介绍了九种典型模具的制造生产过程。项目一至项目五为冲压模具的制造,包括制造垫片落料模、制造止动件冲孔落料复合模、制造轴承盖落料拉深复合模、制造限位板连续模、制造加强片U形弯曲模;项目六至项目七为塑料模具制造,包括制造管支架注射模及制造榨汁机刀架注射模;项目八至项目九为其他模具制造,包括制造堵头橡胶模及制造挡板复合材料成型模。

本书由模具专业一线教师和企业一线工程师共同编写,具有很强的实用性,适合作为高等职业院校、中等职业学校模具类专业学生的实训教材,也可作为模具制造企业的培训教材。

本书有配套动画,读者可以从中国水利水电出版社网站以及万水书苑免费下载,网址为: http://www.waterpub.com.cn/softdown/和 http://www.wsbookshow.com。

图书在版编目(CIP)数据

模具制造综合实训 / 李春玲,张超主编. -- 北京 : 中国水利水电出版社,2018.6
高等职业教育"十三五"精品规划教材. 机械制造类专业群
ISBN 978-7-5170-6500-5

Ⅰ. ①模… Ⅱ. ①李… ②张… Ⅲ. ①模具-制造-高等职业教育-教材 Ⅳ. ①TG76

中国版本图书馆CIP数据核字(2018)第123505号

策划编辑:石永峰　　责任编辑:封　裕　　加工编辑:高双春　　封面设计:李　佳

书　名	高等职业教育"十三五"精品规划教材(机械制造类专业群) **模具制造综合实训 MUJU ZHIZAO ZONGHE SHIXUN**
作　者	主编 李春玲 张 超 副主编 徐胜利 郭英妮 张晓军 周娟利 主 审 易细红
出版发行	中国水利水电出版社 (北京市海淀区玉渊潭南路1号D座　100038) 网址:www.waterpub.com.cn E-mail: mchannel@263.net(万水) 　　　　sales@waterpub.com.cn 电话:(010)68367658(营销中心)、82562819(万水)
经　售	全国各地新华书店和相关出版物销售网点
排　版	北京万水电子信息有限公司
印　刷	三河市鑫金马印装有限公司
规　格	184mm×260mm　16开本　11印张　267千字
版　次	2018年6月第1版　2018年6月第1次印刷
印　数	0001—3000册
定　价	29.00元

前言

在我国模具工业快速发展的今天，根据模具制造技术领域职业岗位的技能需求，我们以"工学融合"为切入点、以"工作任务"为导向编写了本书。本书主要介绍典型模具的制造工艺流程，通过完成模具结构分析、材料准备、模具零件加工、模具装配、试模及调试等系列练习，提高职业院校模具专业学生对模具制造技术的综合运用能力。

本书是一本实践教材，在项目教学案例的选择上突出实用性、注重典型性及可行性。案例绝大部分来自生产实际，个别项目参考了历年来的经典教学案例，并对其进行了进一步的完善及修订，共涉及冲压、塑料、橡胶及复合材料成型四种模具类型，难易程度适中，适合模具及相关专业教学。每个项目中的工作任务以不同的生产工艺来完成，尽可能体现模具制造工艺的多样性及完整性。在具体的教学实践中，可以选取一个或多个项目作为实训教学内容，通过完成完整的模具制造过程，提高学生的实践操作技能。学生在工作中学习，边学习边工作，进而掌握解决问题的方法，体现项目教学中理实一体化的职业教育特点。

本书由一线教师及模具企业工程师合力编写，由九个项目组成，西安航空职业技术学院李春玲和张超任主编，西安航空职业技术学院徐胜利、张晓军、周娟利，陕西黄河工模具有限公司郭英妮任副主编，陕西黄河工模具有限公司易细红任主审。其中项目一由张超编写，项目二、六、七和附录由李春玲编写，项目三、五由徐胜利编写，项目四由郭英妮编写，项目八由张晓军编写，项目九由周娟利编写。在编写过程中，编者得到了模具企业的大力支持。陕西黄河工模具有限公司高级工程师朱五省为本书提供了部分模具资料，西安飞机工业（集团）有限责任公司模具锻铸厂高级工程师张卫红对工艺内容进行了修订，在此一并表示衷心感谢！

本书因为篇幅有限，只列出了主要零件的图纸及加工工艺。在教学时，其余零件加工可作为拓展任务，由学生制定工艺路线并完成制作。

由于编者水平有限，书中不妥之处在所难免，恳请读者批评指正。

编 者
2018 年 1 月

II

目录

前言
项目一 制造垫片落料模 ……………………1
  任务1 模具制造前的准备 ……………………1
  任务2 模具零件加工 ……………………4
    任务2.1 凸模加工 ……………………4
    任务2.2 凹模加工 ……………………5
    任务2.3 垫板加工 ……………………6
    任务2.4 卸料板加工 ……………………7
    任务2.5 凸模固定板加工 ……………………9
    任务2.6 导料板加工 ……………………10
    任务2.7 模柄加工 ……………………11
    任务2.8 上模座加工 ……………………11
    任务2.9 下模座加工 ……………………12
  任务3 模具装配 ……………………14
  任务4 试模及调试 ……………………15
项目二 制造止动件冲孔落料复合模 ……………………18
  任务1 模具制造前的准备 ……………………18
  任务2 模具零件加工 ……………………21
    任务2.1 凸凹模加工 ……………………21
    任务2.2 凹模加工 ……………………23
    任务2.3 凸模加工 ……………………24
    任务2.4 推件块加工 ……………………25
    任务2.5 卸料板加工 ……………………26
    任务2.6 凸模固定板加工 ……………………28
    任务2.7 凸凹模固定板加工 ……………………29
  任务3 模具装配 ……………………30
  任务4 试模及调试 ……………………32

项目三 制造轴承盖落料拉深复合模 ……………………34
  任务1 模具制造前的准备 ……………………34
  任务2 模具零件加工 ……………………37
    任务2.1 拉深凸模加工 ……………………37
    任务2.2 落料凹模加工 ……………………38
    任务2.3 凸凹模加工 ……………………39
    任务2.4 凸凹模垫板加工 ……………………40
    任务2.5 凸模垫板加工 ……………………41
    任务2.6 卸料板加工 ……………………42
    任务2.7 凸模固定板加工 ……………………43
    任务2.8 凸凹模固定板加工 ……………………44
    任务2.9 顶件块加工 ……………………45
    任务2.10 打料块加工 ……………………46
    任务2.11 打料杆加工 ……………………47
    任务2.12 顶杆加工 ……………………47
    任务2.13 模柄加工 ……………………48
    任务2.14 上模座加工 ……………………49
    任务2.15 下模座加工 ……………………50
  任务3 模具装配 ……………………51
  任务4 试模及调试 ……………………53
项目四 制造限位板连续模 ……………………56
  任务1 模具制造前的准备 ……………………56
  任务2 模具零件加工 ……………………59
    任务2.1 落料凸模加工 ……………………59
    任务2.2 冲孔凸模Ⅰ加工 ……………………60
    任务2.3 冲孔凸模Ⅱ加工 ……………………61

任务 2.4 凹模加工 ·················· 62

任务 2.5 卸料板加工 ·················· 64

任务 2.6 凸模固定板加工 ·················· 65

任务 3 模具装配 ·················· 66

任务 4 试模及调试 ·················· 68

项目五 制造加强片 U 形弯曲模 ·················· 69

任务 1 模具制造前的准备 ·················· 69

任务 2 模具零件加工 ·················· 72

任务 2.1 凸模加工 ·················· 72

任务 2.2 凹模加工 ·················· 73

任务 2.3 定位板加工 ·················· 74

任务 2.4 顶件块加工 ·················· 75

任务 2.5 弹顶器托板加工 ·················· 76

任务 2.6 槽形模柄加工 ·················· 77

任务 2.7 下模座加工 ·················· 78

任务 3 模具装配 ·················· 79

任务 4 试模及调试 ·················· 81

项目六 制造管支架注射模 ·················· 83

任务 1 模具制造前的准备 ·················· 83

任务 2 模具零件加工 ·················· 86

任务 2.1 定模座板加工 ·················· 86

任务 2.2 定位圈加工 ·················· 87

任务 2.3 浇口套加工 ·················· 88

任务 2.4 动模板加工 ·················· 89

任务 2.5 镶块加工 ·················· 90

任务 2.6 支承板加工 ·················· 91

任务 2.7 动模座板加工 ·················· 92

任务 2.8 推杆固定板加工 ·················· 93

任务 2.9 推板加工 ·················· 94

任务 2.10 垫块加工 ·················· 95

任务 3 模具装配 ·················· 96

任务 4 试模及调试 ·················· 97

项目七 制造榨汁机刀架注射模 ·················· 103

任务 1 模具制造前的准备 ·················· 103

任务 2 模具零件加工 ·················· 107

任务 2.1 定模座板加工 ·················· 108

任务 2.2 定模板加工 ·················· 109

任务 2.3 动模板加工 ·················· 110

任务 2.4 滑块 I 加工 ·················· 115

任务 2.5 滑块 II 加工 ·················· 116

任务 2.6 浇口套加工 ·················· 117

任务 2.7 型芯 I 加工 ·················· 118

任务 2.8 型芯 II 加工 ·················· 119

任务 2.9 型芯 III 加工 ·················· 120

任务 2.10 限位挡板加工 ·················· 121

任务 2.11 压板加工 ·················· 122

任务 2.12 动模垫板加工 ·················· 123

任务 2.13 推杆固定板加工 ·················· 125

任务 2.14 推板加工 ·················· 126

任务 2.15 动模座板加工 ·················· 127

任务 2.16 推杆 II 加工 ·················· 128

任务 2.17 推杆 III 加工 ·················· 129

任务 3 模具装配 ·················· 130

任务 4 试模及调试 ·················· 132

项目八 制造堵头橡胶模 ·················· 133

任务 1 模具制造前的准备 ·················· 133

任务 2 模具零件加工 ·················· 135

任务 2.1 下模板加工 ·················· 135

任务 2.2 上模板加工 ·················· 137

任务 2.3 导柱加工 ·················· 138

任务 2.4 型芯加工 ·················· 139

任务 3 模具装配 ·················· 140

任务 4 试模及调试 ·················· 141

项目九 制造挡板复合材料成型模 ·················· 143

任务 1 模具制造前的准备 ·················· 143

任务 2 模具零件加工 ·················· 145

附录 ·················· 147

附录一 冲压模具装配技术要求 ·················· 147

附录二 塑料模具装配技术要求 ·················· 149

附录三 国家标准摘选 ·················· 151

附录四 评分标准 ·················· 167

参考资料 ·················· 168

项目一

制造垫片落料模

【学习目标】

（1）学习、巩固落料模的基础理论知识。

（2）掌握垫片落料模零件的加工工艺及加工方法。

（3）掌握垫片落料模装配特点及调试方法。

（4）通过模具零件加工熟悉普通机械加工设备、模具加工专用设备，巩固及提高操作技能。

（5）熟悉单工序落料模的制造过程。

任务1　模具制造前的准备

【识读模具装配图】

垫片落料模如图1-1所示。图1-2、图1-3为工件图和排样图。通过阅读垫片落料模装配图，要求学生熟悉模具结构、零件功能、装配关系及技术要求，了解模具工作过程。

该模具是导柱式落料模。上下模的正确位置利用导柱2和导套15的导向来保证。凸模14、凹模17在进行冲裁之前，导柱2已进入导套15，从而保证了在冲裁过程中凸模14和凹模17之间间隙的均匀性。

上下模座和导柱、导套装配组成的部件为模架。凹模17用螺钉19和销钉18与下模座20紧固并定位。导料板4对称固定在凹模17上，挡料销21固定于凹模17上平面位置。凸模14用凸模固定板7、螺钉8、销钉16与上模座13紧固并定位，凸模14背面有垫板10，压入式模柄9装入上模座13，并通过止转销11定位。

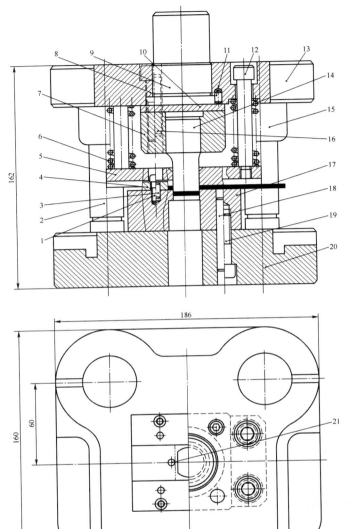

技术要求

1.刃口配合间隙要均匀，冲裁间隙 $Z_{min}=0.14$，$Z_{max}=0.18$。

2.工件毛刺高度小于0.05mm。

1-螺钉 2-导柱 3-销钉 4-导料板 5-卸料板 6-弹簧 7-凸模固定板 8-螺钉 9-模柄 10-垫板 11-止转销

12-卸料螺钉 13-上模座 14-凸模 15-导套 16-销钉 17-凹模 18-销钉 19-螺钉 20-下模座 21-挡料销

图 1-1 垫片落料模

材料牌号：硬铝2024，料厚2mm

图 1-2 工件图

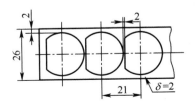

图 1-3 排样图

　　这幅模具采用了由卸料板 5、卸料螺钉 12 和弹簧 6 组成的弹性卸料装置。工作时，条料从右向左沿导料板 4 送至挡料销 21 定位，凸模 14 下行，由于弹簧力的作用，卸料板 5 先压住条料，凸模 14 继续下行时进行冲裁分离，此时弹簧 6 被压缩。凸模 14 回程时，弹簧 6 伸长并推动卸料板 5 把箍在凸模 14 上的废料卸下，冲出的工件在凸模 14 推动下，从下漏料孔落下。

【知识技能准备】

　　学生需具备落料模专业基础理论知识和模具零件加工、装配等相关知识与技能。内容可参阅相关教材、专业书籍和冲模手册等。

【模具材料准备】

　　垫片落料模下料单见表 1-1，采购单见表 1-2。

表 1-1　垫片落料模下料单

序号	零件名称	材料	下料尺寸	数量	备注
1	卸料板	45	115mm×75mm×19mm	1	淬火 38～43HRC
2	垫板	T8A	75mm×65mm×10mm	1	淬火 53～53HRC
3	凸模	T10A	$\phi35\times70$mm	1	淬火 58～62HRC
4	凸模固定板	Q235	65mm×75mm×35mm	1	
5	凹模	T10A	85mm×75mm×35mm	1	淬火 60～64HRC
6	导料板	45	85mm×27mm×10mm	2	
7	模柄	45	$\phi55\times100$mm	1	

表 1-2　垫片落料模采购单

序号	名称	单位	规格	数量	备注
1	销钉	个	$\phi10\times40$mm	2	GB119.1－2000
2	销钉	个	$\phi5\times10$mm	6	GB119.1－2000
3	销钉	个	$\phi10\times60$mm	2	GB119.1－2000
4	圆柱弹簧	个	TH20×10mm×80mm	4	JB/T7187.6－95
5	螺钉	个	M10×50mm	4	GB/T70.1－2008
6	螺钉	个	M10×50mm	4	GB/T70.1－2008
7	螺钉	个	M5×12mm	4	GB/T70.1－2008
8	卸料螺钉	个	M8×70mm	4	JB/T7650.5－2008
9	后侧导柱模架	副	125mm×100mm×(130～150)mm	1	GB/T 2851.3

【归纳总结】

　　通过任务 1 的学习，学生熟悉了垫片落料模结构，完成了毛坯下料及标准件采购，做好了模具零件加工前的准备工作。

任务 2　模具零件加工

【任务分析】

　　垫片落料模需要加工的零件包括凸模、凹模、垫板、卸料板、凸模固定板、模柄、上模座、下模座等。要求按照加工工艺完成零件的制作，达到图样要求。

【知识技能准备】

　　（1）具有落料模零件加工的工艺知识。
　　（2）具有钳工的基本操作技能，会进行划线、钻孔、铰孔、攻螺纹、锉修等操作。
　　（3）具有操作线切割机床的知识与技能。
　　（4）具有操作车床、铣床、磨床等机械加工设备的知识与技能。

【任务实施】

任务 2.1　凸模加工

　　凸模零件如图 1-4 所示，共 1 件，材料为 T10A 钢，坯料尺寸 $\phi35\times70$mm。技术要求：①非工作棱角倒钝；②热处理 58～62HRC。要求按照零件加工工艺完成零件制作，达到图样要求。

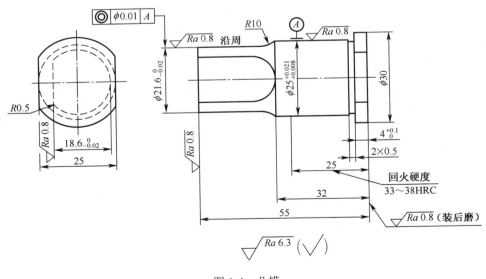

图 1-4　凸模

凸模加工工艺见表 1-3。

表 1-3　凸模加工工艺

序号	工序名称	工序内容	加工设备
1	备料	棒料，$\phi35 \times 70$ mm，退火	
2	车	车全形，$\phi25^{+0.021}_{+0.008}$、$\phi21.6^{0}_{-0.02}$ 外圆留余量 0.5mm，刃口加厚 0.5mm；两端钻中心孔，保证同心	普通车床
3	铣	铣 $\phi30$ 两侧 25mm 平面，保证平行	普通铣床
4	热处理	淬、回火，硬度 58～62HRC	
5	车	研磨中心孔，保证同心	普通车床
6	圆磨	以中心孔找正，磨 $\phi25^{+0.021}_{+0.008}$、$\phi21.6^{0}_{-0.02}$ 外圆达图样要求	外圆磨床
7	线切割	割 $\phi18.6^{0}_{-0.02}$ 扁，留研磨余量 0.02mm	电火花线切割机床
8	钳	研磨 $\phi18.6^{0}_{-0.02}$ 平面达图样要求	
9	平磨	平磨两端面达图样要求	平面磨床
10	检验	按工序内容进行检验	

任务 2.2　凹模加工

凹模零件如图 1-5 所示，共 1 件，材料为 T10A 钢，坯料尺寸 85mm×75mm×35mm。技术要求：①非工作棱边倒钝；②热处理 60～64HRC。要求按照零件加工工艺完成零件制作，达到图样要求。

凹模加工工艺见表 1-4。

表 1-4　凹模加工工艺

序号	工序名称	工序内容加工	加工设备
1	备料	按尺寸 85mm×75mm×35mm 下料，退火	
2	铣	铣六面成 80mm×70mm×31mm；铣 4×C5 倒角	普通铣床
3	平磨	磨上下平面及相邻两侧面，保证各面垂直度要求，厚度尺寸磨至 30.5mm	平面磨床
4	钳	1）划线：以基准面找正，划型孔、各螺孔及销孔线； 2）型孔中心处钻穿丝孔 $\phi4$； 3）钻 2×M10、4×M5 螺纹底孔，攻螺纹； 4）钻、铰 2×$\phi10^{+0.015}_{0}$ 销孔，钻、铰 4×$\phi5^{+0.01}_{0}$ 销孔	立式钻床
5	铣	铣型孔背面漏料孔	普通铣床
6	镗	以基准面和 $\phi4$ 穿丝孔找正，钻、铰 $\phi5^{+0.01}_{0}$ 深 8 挡料销孔	镗床
7	钳	锉修漏料孔	
8	热处理	淬、回火，硬度 60～64HRC	
9	平磨	磨上下两平面至 30mm，平行度≤0.02mm	平面磨床

序号	工序名称	工序内容加工	加工设备
10	线切割	以基准面找正，割型孔，沿型留研磨余量 0.02mm	电火花线切割机床
11	钳	研磨型孔侧壁	
12	检验	按工序内容进行检验	

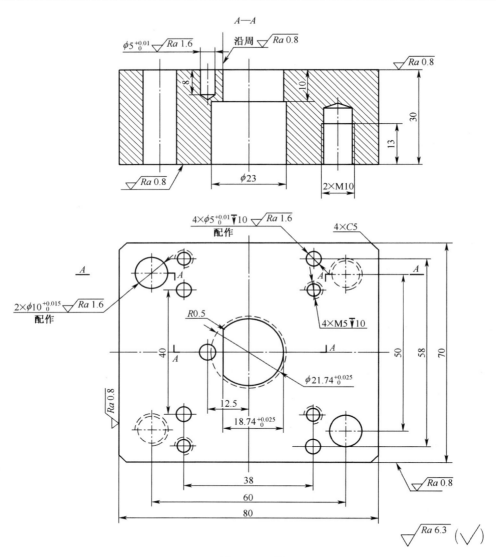

图 1-5　凹模

任务 2.3　垫板加工

垫板零件如图 1-6 所示，共 1 件，材料为 T8A 钢，坯料尺寸 75mm×65mm×10mm。技术要求：①非工作棱边倒钝；②热处理 53～55HRC。要求按照零件加工工艺完成零件制作，达到图样要求。

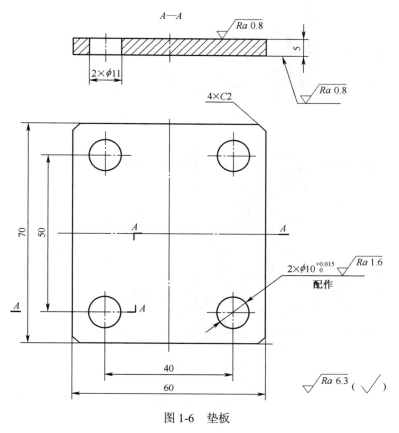

图 1-6　垫板

垫板加工工艺见表 1-5。

表 1-5　垫板加工工艺

序号	工序名称	工序内容	加工设备
1	备料	按尺寸 75mm×65mm×10mm 下料，退火	
2	铣	铣六面成 70mm×60mm×5.5mm，铣 4×C2 倒角	普通铣床
3	平磨	磨上下两面至 5.2mm，平行度≤0.02mm	平面磨床
4	钳	配钻 2×ϕ11 孔，配钻、铰 2×$\phi10_0^{+0.015}$ 销孔	立式钻床
5	热处理	淬、回火，硬度 53～55HRC	
6	平磨	磨上下两面至 5mm，平行度≤0.02mm	平面磨床
7	检验	按工序内容进行检验	

任务 2.4　卸料板加工

卸料板零件如图 1-7 所示，共 1 件，材料为 45 钢，坯料尺寸 115mm×75mm×19mm。技术要求：①非工作棱边倒钝；②热处理 38～43HRC。要求按照零件加工工艺完成零件制作，达到图样要求。

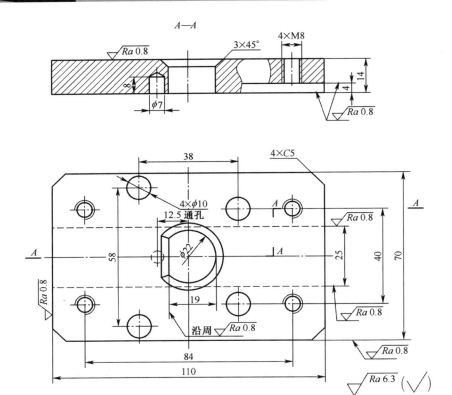

图 1-7　卸料板

卸料板加工工艺见表 1-6。

表 1-6　卸料板加工工艺

序号	工序名称	工序内容	加工设备
1	备料	按尺寸 115mm×75mm×19mm 下料，退火	
2	铣	铣六面成 110mm×70mm×15mm，铣 25mm×4mm 台阶面，铣 4×C5 倒角	普通铣床
3	平磨	磨上下平面，台阶面及其两侧面，磨两相邻基准面，尺寸 14mm 磨至 14.5mm，其余各面留 0.3mm 余量，保证垂直度要求	平面磨床
4	钳	1）划线：以基准面找正，划各孔位置线； 2）在型孔中心钻穿丝孔 φ4； 3）钻 4×φ10、φ7 孔； 4）钻 4×M8 螺纹底孔，攻螺纹	立式钻床
5	热处理	淬、回火，硬度 38～43HRC	
6	平磨	平磨上下两平面，磨台阶面及其两侧面至尺寸	平面磨床
7	线切割	线切割型孔，留单边研磨余量 0.02mm	电火花线切割机床
8	钳	研磨型孔侧壁及孔端倒角	
9	检验	按工序内容进行检验	

任务 2.5　凸模固定板加工

凸模固定板零件如图 1-8 所示，共 1 件，材料为 Q235 钢，坯料尺寸下料 65mm×75mm×35mm。技术要求：①非工作棱边倒钝；②上平面和凸模端面装配后磨平。要求按照零件加工工艺完成零件制作，达到图样要求。

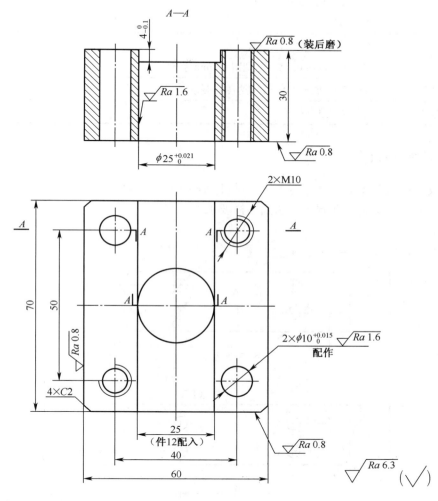

图 1-8　凸模固定板

凸模固定板加工工艺见表 1-7。

表 1-7　凸模固定板加工工艺

序号	工序名称	工序内容	加工设备
1	备料	按尺寸 65mm×75mm×35mm 下料	
2	铣	铣六面成 60mm×70mm×30.5mm	普通铣床
3	平磨	磨上下平面及相邻两侧面，保证各面垂直度要求，厚度尺寸磨至 30mm	平面磨床

序号	工序名称	工序内容	加工设备
4	钳	1）划线：以基准面找正，划 $\phi 25_0^{+0.021}$ 孔线，划 25mm×4mm 槽线，划螺钉孔线及销孔线； 2）钻 2×M10 螺纹底孔，攻螺纹； 3）配钻、铰 2×$\phi 10_0^{+0.015}$ 销孔； 4）外形倒角	立式钻床
5	数铣	1）钻、铰 $\phi 25_0^{+0.021}$ 孔； 2）铣 25mm×4mm 槽，沿型留 0.2mm 余量	立式 数控铣床
6	平磨	按凸模配磨 25mm×4mm 槽达图样要求	平面磨床
7	检验	按工序内容进行检验	

任务 2.6　导料板加工

导料板零件如图 1-9 所示，共 2 件，材料为 45 钢，坯料尺寸 85mm×27mm×10mm。要求按照零件加工工艺完成零件制作，达到图样要求。

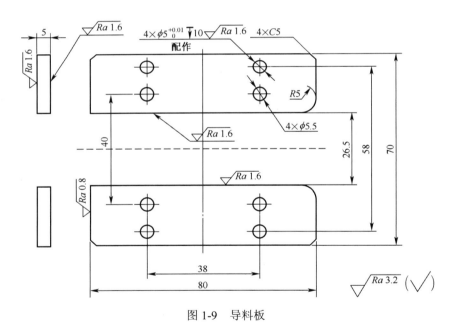

图 1-9　导料板

导料板加工工艺见表 1-8。

表 1-8　导料板加工工艺

序号	工序名称	工序内容	加工设备
1	备料	按尺寸 85mm×27mm×10mm 下料	
2	铣	铣六面成 80mm×21.7mm×5.5mm；铣 4×C5 倒角；铣 R5 圆角	普通铣床

续表

序号	工序名称	工序内容	加工设备
3	平磨	磨上下平面及内侧面，保证各面垂直度要求，厚度尺寸磨至 5mm	平面磨床
	钳	1）外形倒角，内侧去毛刺，加工 R5 圆角； 2）与凹模配钻 $4×\phi5.5$ 孔； 3）与凹模配钻 $4×\phi5^{+0.01}_0$ 销孔	立式钻床
4	检验	按工序内容进行检验	

任务 2.7　模柄加工

模柄零件如图 1-10 所示，共 1 件，材料为 45 钢，坯料尺寸 $\phi55×100mm$。要求按照零件加工工艺完成零件制作，达到图样要求。

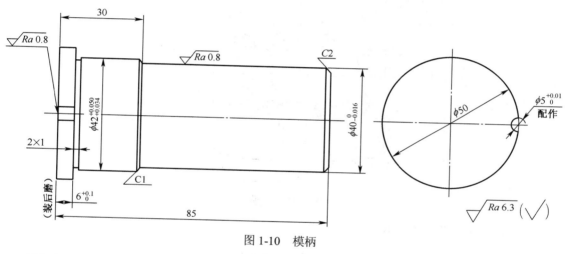

图 1-10　模柄

模柄加工工艺见表 1-9。

表 1-9　模柄加工工艺

序号	工序名称	工序内容	加工设备
1	备料	棒料，$\phi55×100mm$	
2	车	车成形，保证尺寸和粗糙度	普通车床
3	检验	按工序内容进行检验	

任务 2.8　上模座加工

上模座零件如图 1-11 所示，共 1 件，材料为 HT25-47 灰铸铁。坯料为铸造毛坯加工的半成品（GB/T2855.5，125mm×100mm×30mm）。要求按照零件加工工艺完成零件制作，达到图样要求。

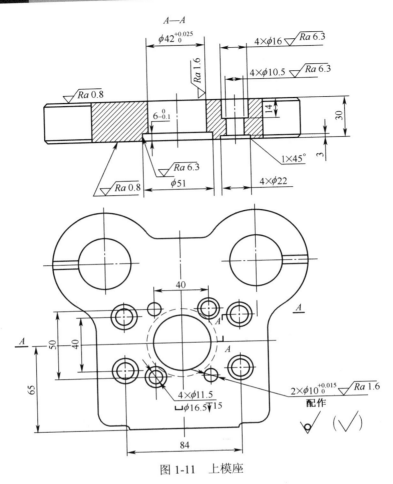

图 1-11　上模座

上模座加工工艺见表 1-10。

表 1-10　上模座加工工艺

序号	工序名称	工序内容	加工设备
1	备料	GB/T2855.5，125mm×100mm×30mm	普通铣床
2	铣	铣上下两面，保证平行度≤0.2mm	
3	钳	划线，确定模柄孔位置	
4	镗	镗 $\phi42^{+0.025}_{0}$ 孔，锪 $\phi51$ 台阶孔	镗床
5	钳装	配作各螺钉过孔及销孔	立式钻床
6	检验	按工序内容进行检验	

任务 2.9　下模座加工

下模座零件如图 1-12 所示，共 1 件，材料为 HT25-47 灰铸铁。坯料为铸造毛坯加工的半成品（GB/T2855.6，125mm×100mm×40mm）。要求按照零件加工工艺完成零件制作，达到图样要求。

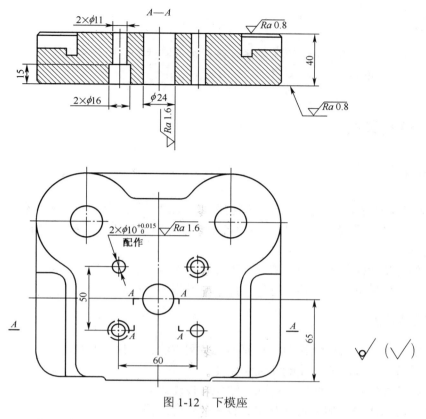

图 1-12　下模座

下模座加工工艺见表 1-11。

表 1-11　下模座加工工艺

序号	工序名称	工序内容	加工设备
1	备料	GB/T2855.6－81，125mm×100mm×40mm	
2	铣	铣上下两面，保证平行度≤0.2mm	普通铣床
3	钳	划线，确定ϕ24孔位置，钻、铰ϕ24孔	立式钻床
4	钳装	按凹模配作各螺钉过孔及销孔	立式钻床
5	检验	按工序内容进行检验	

注意事项：

（1）钳工划线应找正位置，正确划线。钻头刃磨正确，注意安全。

（2）铰孔时，要正确选择铰刀，铰孔操作过程压力不能太大，铰刀不可反转。

（3）攻螺纹时，丝锥要与平面垂直，加注润滑油，小心仔细操作。

（4）钳工研磨抛光模具型孔时注意不能损伤刃口。

（5）操作普通机床必须遵守机床安全操作规程。

（6）操作线切割机床除遵守机床安全操作规程外，切割时先空走丝调整机床。符合要求后再进行切割零件。

【归纳总结】

通过任务 2 的学习和实操，学生熟悉了落料模各零件的结构及制造过程，完成了零件加工，为模具装配做好了准备。

任务 3　模具装配

【任务分析】

垫片落料模如图 1-1 所示。在垫片落料模零件加工完成，标准件、外购件备齐后，即可进行模具总装配工作。要求按照垫片落料模各个零件的装配位置关系和装配工艺进行模具装配，达到图样要求。

（1）熟悉垫片落料模结构、零件紧固方式和配合性质。

（2）会操作模具加工设备，进行零件装配过程的补充加工，完成模具装配。

【知识技能准备】

（1）熟悉垫片落料模装配图，掌握模具装配方法、步骤及要求。

（2）具备钳工基本操作技能和装配技能。

（3）具备操作钻床、磨床等机床的知识和技能。

（4）具有操作模具加工设备及钳工装配的安全知识。

【任务实施】

一、组件装配

调整凸模与凹模间的冲裁间隙：

（1）将凸模装入凸模固定板，配磨顶面，然后用螺钉将凸模固定板与上模座连接在一起。

（2）将事先准备好的垫片（厚度等于单边冲裁间隙），套在凸模上。

（3）将凹模板放置在凸模上，装入下模座，保证导柱导套滑动顺畅，无卡滞，然后用螺钉将下模座和凹模板拉紧。

（4）将上下部分分开，通过凹模板上的销钉孔配钻下模座上的销钉孔并铰孔。

二、模具总装配

1．下模装配

（1）将凹模放在下模座上，并按线对齐，装入螺钉、销钉。

（2）将导料板放到凹模面上，并按线对齐，装入螺钉、销钉。

2．上模装配

（1）将模柄装入上模座，配入防转销。

（2）将凸模装入凸模固定板。

（3）将垫板放在上模座上，将凸模及凸模固定板放在垫板上，装入螺钉、销钉。

（4）装入卸料弹簧、卸料板，用卸料螺钉拉紧卸料板，并调节预紧力使之均衡。

3．上下模试合模

注意事项：

（1）装配前应准备好装配中需用的工具、夹具和量具，并对凹模等加工件和销钉等标准件进行检查，合格后方可进行装配。

（2）所有零件在装配前应去除毛刺，表面涂润滑油。装配时各零件应做好标记，以方便后续拆装维修。

（3）调整凸模、凹模间隙时，应仔细小心。敲击模具零件时应用橡胶榔头或铜棒，并且应使凸模进入凹模孔内，避免敲击过度而损坏模具刃口。

（4）紧固内六角螺钉时，应对角均匀拧紧，避免变形。

（5）卸料装置装配好后，卸料板应运动灵活，避免因卸料板与凸模配合过紧或卸料板倾斜而卡死。

（6）装配完成后，上模与下模合模。采用"试切法"或"垫片法"检查凸模、凹模间隙均匀程度，若间隙不均匀，应修配调整均匀。

【归纳总结】

通过任务 3 的学习，熟悉了垫片落料模的装配步骤及要求，完成了模具总装配，下一步可按照任务 4 中的步骤及要求完成模具试模任务。

任务4　试模及调试

【任务分析】

垫片落料模总装配完成后需进行试模，检查模具装配及工件质量是否合格，能否达到图样要求。试模所用压力机为 J23-40 型开式双柱可倾压力机。

（1）要求学生掌握压力机操作规程，能按要求安装模具，操作压力机。

（2）熟悉落料模试模中的常见问题及解决方法。

【知识技能准备】

（1）熟悉 J23-40 型压力机操作规程。

（2）掌握模具在压力机上安装步骤和方法。

（3）具备操作冲压设备相关安全知识。

（4）熟悉垫片落料模试模时的常见问题及解决方法。

【任务实施】

一、试模

（1）选用型号为 J23-40 型（40t）开式双柱可倾压力机，开启电源空转试运行，检查压力机是否处于正常工作状态，设备是否完好。

（2）搬动飞轮，将压力机滑块降至下死点，调节连杆，使压力机的装模高度略大于模具的闭合高度，并将压力机打料螺栓调到安全位置。

（3）装模前，使上下模处于正确的合模状态。清理干净模具接触面和压力机工作台面，松开滑块上模柄压块的紧固螺栓，把模柄安装在压力机滑块孔中，调整好模具送料方向，使滑块底面与上模座上平面紧密贴合，拧紧压块上的紧固螺栓，将上模紧固在滑块上。然后用压板、螺钉将下模紧固在压力机工作台面上。

（4）上下模紧固后，调节连杆使滑块上移，模具脱离闭合状态。

（5）手动盘车（搬动飞轮），滑块上移至上死点（导柱脱离导套）。再次搬动飞轮，使滑块上下完成一个工作循环，检查有无异常情况，无异常时，即可启动压力机，脚踏开关空转试冲（不放入板料）。

（6）试冲几次，运转正常后，把与条料等宽等厚的硬纸条放在凹模上，逐步调节连杆，使凸模刃口进入凹模 1～1.5 倍料厚，然后锁紧滑块调节连杆，完成模具安装工作。

（7）调整模具弹性卸料装置，使其能顺利地从凸模上卸下废料，工件从漏料孔落下。

（8）放入条料进行试冲。

二、调试

垫片落料模安装好后，即可进行试冲。按图样要求对冲出的工件进行检查。如冲裁件出现质量问题，可按表 1-12 进行调试。

表 1-12　垫片落料模试模过程中出现的问题及调试方法

出现问题	产生原因	调整方法
冲裁件尺寸或形状不正确	凸模、凹模尺寸或形状不正确	1）修整凸模、凹模尺寸或形状，重新调整间隙； 2）更换凸模、凹模零件
冲裁件断面质量不符合要求	冲裁间隙太大、太小或间隙不均匀	1）间隙太大无法调整时，更换凸模； 2）调整间隙，使光亮带均匀
卸料不正常或卡料	1）装配不正确，卸料板与凸模配合过紧，卸料板倾斜或卸料元件装配不当； 2）弹簧弹力不足； 3）卸料螺钉尺寸短	1）修整卸料板等零件； 2）更换弹簧； 3）更换卸料螺钉
凸模、凹模刃口相咬	1）上下模座、固定板、垫板、凹模等零件安装面不平行； 2）凸模、凹模安装不垂直或错位； 3）导向装置不垂直或配合间隙过大，导向精度差	1）修整相关零件，重新装配上模或下模； 2）重装凸模、凹模，对正位置； 3）修整或更换导柱、导套

续表

出现问题	产生原因	调整方法
冲裁件不平整或毛刺大	1）落料凹模刃口呈上大下小倒锥形，冲裁件落下出现弯曲变形； 2）模具刃口不锋利或淬火硬度不够； 3）模具间隙过大或不均匀	1）修整凹模孔，去除倒锥现象； 2）修磨工作部分刃口； 3）调整凸模、凹模间隙，达到合理间隙要求

注意事项：

（1）试模前要对模具进行一次全面的检查，检查无误后方可进行安装。

（2）模具上的活动部件，试模前应加润滑油润滑。

（3）在压力机上试模过程应严格遵守安全操作规程，确保操作安全。

（4）试模时模具安装应可靠。用压板螺钉将下模紧固在压力机工作台面上，选用的垫铁高度要合适，螺钉位置应靠近模具，均匀压紧压板。

（5）试冲过程中，调节连杆应缓慢，不要压紧工件。

（6）卸料弹簧弹力和压缩长度要满足卸料要求。

【归纳总结】

通过任务 4 的学习，完成了垫片落料模的试模及调试。至此，已完整地学习了垫片落料模的制造。

项目二
制造止动件冲孔落料复合模

【学习目标】

（1）学习、巩固复合模的基础理论知识。

（2）掌握止动件冲孔落料复合模零件的加工工艺及加工方法。

（3）掌握冲孔落料复合模装配特点及调试方法。

（4）通过模具零件加工熟悉普通机械加工设备、模具加工专用设备，巩固及提高操作技能。

（5）熟悉冲孔落料复合模的制造过程。

任务 1　模具制造前的准备

【识读模具装配图】

止动件冲孔落料复合模如图 2-1 所示。图 2-2、图 2-3 为工件图和排样图。通过阅读止动件冲孔落料复合模装配图，要求学生熟悉模具结构、零件功能、装配关系及技术要求，了解模具工作过程。

该模具属于典型的倒装复合模。上模部分主要由凸模 12、凹模 20、空心垫板 18、凸模固定板 17、推件块 11、上垫板 6 等组成，凹模 20、空心垫板 18、凸模固定板 17、上垫板 6 等通过螺钉 9 与上模座 16 连接。下模主要由凸凹模 4、凸凹模固定板 23、下垫板 24、卸料板 21 等组成，螺钉 2 将凸凹模固定板 23、下垫板 24 固定在下模座 1 上。卸料螺钉 25 确定卸料板 21 上下移动位置，挡料销 5 实现条料定位，并保证合理的搭边值。

冲裁时，条料放在卸料板 21 上，当冲床滑块下降时，凸模 12 与凹模 20 随着下降。这时，凸模 12 在条料上完成冲孔动作，冲孔废料从凸凹模 4 孔中落下，同时凹模 20 与凸凹模 4 相互作用进行落料。当冲床滑块上升时，在推杆 14、推件块 11 的作用下，工件从凹模 20 孔中和凸模 12 上顶出来，卸料板 21 在弹簧 22 作用下上升，将冲裁后的条料从凸凹模 4 上推出。每当条料送进一个步距时，即能冲出一个止动件零件。

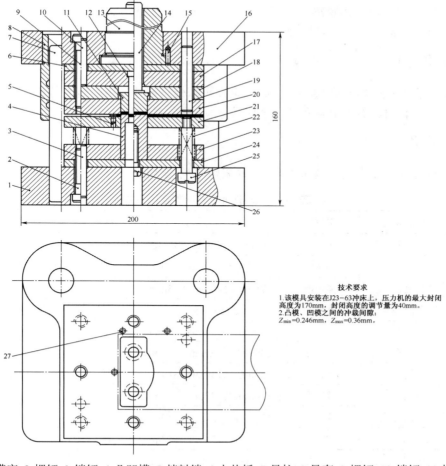

技术要求
1.该模具安装在J23-63冲床上，压力机的最大封闭
高度为170mm，封闭高度的调节量为40mm。
2.凸模、凹模之间的冲裁间隙：
$Z_{min}=0.246mm$，$Z_{max}=0.36mm$。

1-下模座 2-螺钉 3-销钉 4-凸凹模 5-挡料销 6-上垫板 7-导柱 8-导套 9-螺钉 10-销钉 11-推件块
12-凸模 13-模柄 14-推杆 15-防转销 16-上模座 17-凸模固定板 18-空心垫板 19-销钉 20-凹模
21-卸料板 22-弹簧 23-凸凹模固定板 24-下垫板 25-卸料螺钉 26-螺钉 27-导料销

图2-1 止动件冲孔落料复合模

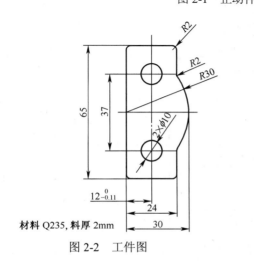

材料 Q235，料厚 2mm

图2-2 工件图

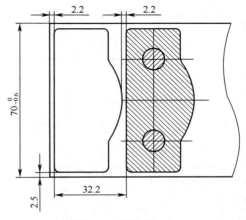

图2-3 排样图

止动件倒装复合模结构紧凑，在滑块的一次行程中完成冲孔、落料两个工序，生产效率高，冲裁精度高，能满足零件精度要求。

【知识技能准备】

学生需具备冲孔落料复合模专业基础理论知识和模具零件加工、装配等相关知识与技能。内容可参阅相关教材、专业书籍和冲模手册等。

【模具材料准备】

止动件冲孔落料复合模下料单见表 2-1，采购单见表 2-2。

表 2-1　止动件冲孔落料复合模下料单

序号	零件名称	材料	下料尺寸	数量	备注
1	凸凹模	Cr12	87mm×552mm×548mm	1	淬火 58～62 HRC
2	上垫板	T8A	130mm×5130mm×510mm	1	淬火 53～58HRC
3	推件块	45 钢	74mm×540mm×525mm	1	调质 28～32HRC
4	冲孔凸模	T10A	φ15×555mm	2	淬火 58～62HRC
5	凸模固定板	45 钢	130mm×5130mm×519mm	1	
6	空心垫板	45 钢	130mm×5130mm×515mm	1	
7	凹模板	Cr12	130mm×5130mm×519mm	1	淬火 60～64 HRC
8	卸料板	45 钢	130mm×5130mm×515mm	1	调质 28～32HRC
9	凸凹模固定板	45 钢	130mm×5130mm×519mm	1	
10	下垫板	T8A	130mm×5130mm×510mm	1	淬火 53～58HRC

表 2-2　止动件冲孔落料复合模采购单

序号	零件名称	单位	规格	数量	备注
1	后侧导柱模架	副	125mm×5125mm	1	GB/T 2851－2008
2	螺钉	个	M8×40mm	4	GB/T70.1－2008
3	螺钉	个	M8×60mm	4	GB/T70.1－2008
4	螺钉	个	M8×25mm	1	GB/T70.1－2008
5	卸料螺钉	个	φ10×42mm	4	JB/T7649.10－2008
6	销钉	个	φ10×45mm	2	GB119.1－2000
7	销钉	个	φ10×35mm	2	GB119.1－2000
8	销钉	个	φ4×14mm	1	GB119.1－2000
9	销钉	个	φ10×62mm	2	GB119.1－2000
10	导料销	个	φ6×8mm	2	GB/T7649.10－2008
11	挡料销	个	φ6×8mm	1	GB/T7649.10－2008
12	模柄	个	φ50×70mm	1	JB/T7646.1－2008
13	弹簧	根	TH20×10mm×35mm	4	JB/T7187.6－95

【归纳总结】

通过任务 1 的学习，学生熟悉了止动件冲孔落料复合模结构，完成了毛坯下料及标准件采购，做好了模具零件加工前的准备工作。

任务 2 模具零件加工

【任务分析】

止动件冲孔落料复合模需要加工的零件包括凸凹模、上垫板、推件块、凸模、凸模固定板、空心垫板、凹模、卸料板、凸凹模固定板、下垫板等零件。要求按照零件加工工艺，完成零件的制作，达到图样要求。

【知识技能准备】

（1）具有复合模零件加工的工艺知识。
（2）具有钳工的基本操作技能，会进行划线、钻孔、铰孔、攻螺纹、锉修等操作。
（3）具有操作线切割机床的知识与技能。
（4）具有操作车床、铣床、磨床等机械加工设备的知识与技能。

【任务实施】

任务 2.1 凸凹模加工

凸凹模零件如图 2-4 所示，共 1 件，材料为 Cr12 钢，淬火硬度 58～62HRC，坯料尺寸 87mm×52mm×48mm。要求按照加工工艺完成零件制作，达到图样要求。

凸凹模加工工艺见表 2-3。

表 2-3 凸凹模加工工艺

序号	工序名称	工序内容	加工设备
1	备料	按尺寸 87mm×52mm×48mm 下料，退火	
2	铣	铣六面成 85mm×50mm×43mm，注意两大平面与两相邻侧面用标准角尺测量达基本垂直	普通铣床
3	平磨	磨上下平面至尺寸 42.6mm，并磨两相邻侧面达四面垂直，垂直度 0.02mm/100mm	平面磨床
4	钳	1）按图 2-5 划出穿丝孔、螺纹孔位置线及凸凹模轮廓线； 2）钻穿丝孔 3×ϕ4；锪扩凹模落料沉孔； 3）钻螺纹底孔，攻螺纹	立式钻床
5	热处理	淬、回火，硬度 58～62HRC	

序号	工序名称	工序内容	加工设备
6	平磨	磨上下面达图样要求	平面磨床
7	线切割	割凸模外形及两凹模孔，沿型留 0.01～0.02mm 余量	电火花线切割机床
8	钳	1）研凸凹模外形，配入凸凹模固定板； 2）研磨刃口侧壁达图样要求	
9	检验	按工序内容进行检验	

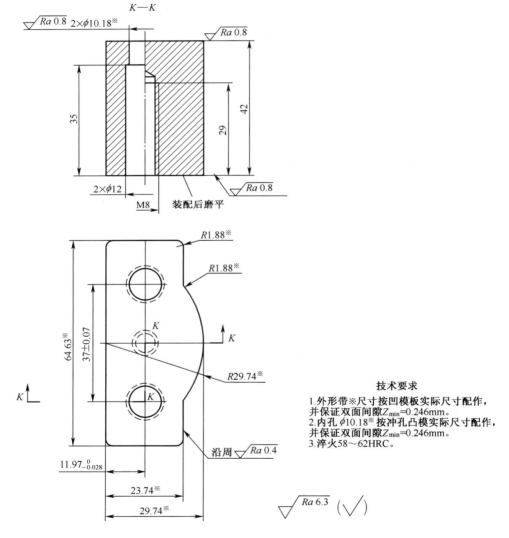

技术要求

1. 外形带※尺寸按凹模板实际尺寸配作，并保证双面间隙Z_{min}=0.246mm。
2. 内孔 $\phi 10.18$※ 按冲孔凸模实际尺寸配作，并保证双面间隙Z_{min}=0.246mm。
3. 淬火58～62HRC。

图 2-4　凸凹模

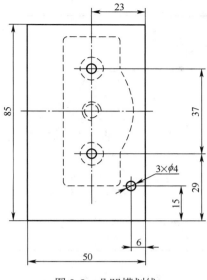

图 2-5　凸凹模划线

任务 2.2　凹模加工

凹模零件如图 2-6 所示，共 1 件，材料为 Cr12 钢，淬火硬度 60～64HRC，坯料尺寸 130mm×130mm×19mm。要求按照加工工艺完成零件制作，达到图样要求。

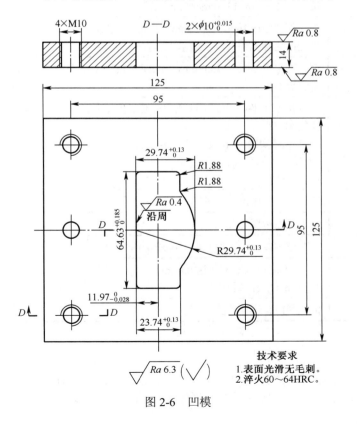

技术要求
1. 表面光滑无毛刺。
2. 淬火60～64HRC。

图 2-6　凹模

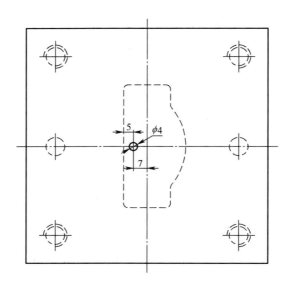

图 2-7　凹模穿丝孔位置

凹模加工工艺见表 2-4。

表 2-4　凹模加工工艺

序号	工序名称	工序内容	加工设备
1	备料	按尺寸 130mm×130mm×19mm 下料,退火	
2	铣	铣六面成 125.3mm×125.3mm×15mm,注意两大平面与两相邻侧面用标准角尺测量达基本垂直	普通铣床
3	平磨	磨上下平面至尺寸 14.6mm,并磨两相邻侧面达四面垂直,垂直度 0.02mm/100mm	平面磨床
4	钳	1)划线:按图 2-7 划穿丝孔位置线、各孔位置线及凹模型孔轮廓线; 2)钻孔:螺纹底孔及穿丝孔 φ4; 3)钻、铰销钉孔; 4)攻螺纹	立式钻床
5	热处理	淬、回火,硬度 60~64HRC	
6	平磨	磨上下面达图样要求	平面磨床
7	线切割	割凹模洞口,沿型留 0.01~0.02mm 余量	电火花线切割机床
8	钳	1)研磨洞口内壁侧面达 0.8μm 2)配推件块到要求	
9	检验	按工序内容进行检验	

任务 2.3　凸模加工

凸模零件如图 2-8 所示,共 2 件,材料为 T10A 钢,淬火硬度 58~62HRC,坯料尺寸 φ15×55 mm。要求按照加工工艺完成零件制作,达到图样要求。

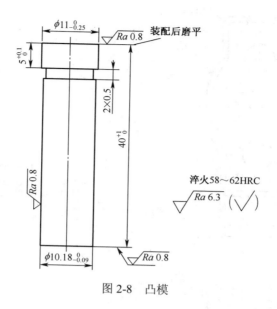

图 2-8 凸模

凸模加工工艺见表 2-5。

表 2-5 凸模加工工艺

序号	工序名称	工序内容	加工设备
1	备料	棒料，$\phi15\times55$mm	
2	热处理	退火 180~220HB	
3	车	1）车一端面，钻中心孔，车外圆至$\phi12$；掉头车另一端面，长度至尺寸 50mm；钻中心孔； 2）双顶尖顶，车外圆至$\phi11.4\pm0.04$，$\phi10.6\pm0.04$，车尺寸$5^{+0.1}_{0}$至要求	普通车床
4	热处理	淬、回火，硬度 56~60HRC	
5	圆磨	磨削外圆尺寸$\phi11^{0}_{-0.25}$，$\phi10.18^{0}_{-0.09}$达图样要求	外圆磨床
6	线切割	切除工作端面中心孔，长度尺寸至40^{+1}_{0}	电火花线切割机床
7	平磨	磨削两端面至$Ra0.8$	平面磨床
8	检验	按工序内容进行检验	

任务 2.4 推件块加工

推件块零件如图 2-9 所示，共 1 件，材料为 45 钢，坯料尺寸 74mm×40mm×25mm。要求按照加工工艺完成零件制作，达到图样要求。

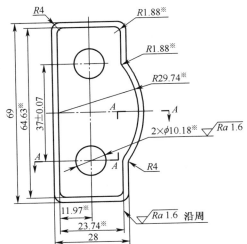

技术要求

1.外形带※尺寸按凹模模板实际尺寸配作,
并保证单边配合间隙0.3～0.5mm。
2.内孔 ϕ10.18※按冲孔凸模实际尺寸配
作,并保证单边配合间隙0.3～0.5mm。
3.调质28～32HRC。

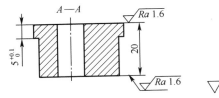

图 2-9 推件块

推件块加工工艺见表 2-6。

表 2-6 推件块加工工艺

序号	工序名称	工序内容	加工设备
1	备料	按尺寸 74mm×40mm×25mm 下料	
2	热处理	调质 28～32HRC	
3	铣	铣六面成 72mm×38mm×21mm,并使两大平面和相邻两侧面基本垂直	普通铣床
4	平磨	磨上下平面至尺寸,并磨两相邻侧面使四面垂直,垂直度 0.02mm/100mm	平面磨床
5	钳	1)划 2×ϕ10.18 孔位置线及外形轮廓线; 2)钻、铰 2×ϕ10.18 过孔	立式钻床
6	铣	铣外形及台阶达图样要求	普通铣床
7	检验	按工序内容进行检验	

任务 2.5 卸料板加工

卸料板零件如图 2-10 所示,共 1 件,材料为 45 钢,坯料尺寸 130mm×130mm×15mm。要
求按照加工工艺完成零件制作,达到图样要求。

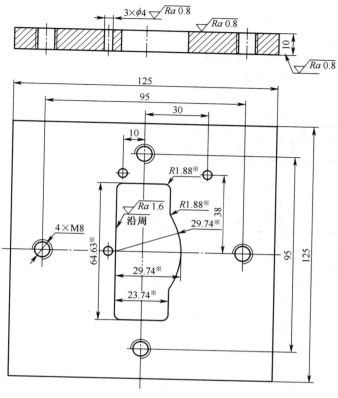

图 2-10　卸料板

卸料板加工工艺见表 2-7。

技术要求
1.调质28～32HRC。
2.带※尺寸按凸凹模实际外形尺寸配作,保证单边间隙0.4mm。

$\sqrt{Ra\,6.3}$ ($\sqrt{}$)

表 2-7　卸料板加工工艺

序号	工序名称	工序内容	加工设备
1	备料	按尺寸 130mm×130mm×15mm 下料	
2	热处理	调质 28～32HRC	
3	铣	铣六面成 125.3mm×125.3mm×10.6mm,并使两大平面和相邻两侧面基本垂直	普通铣床
4	平磨	磨上下平面至尺寸,并磨两相邻侧面使四面垂直,垂直度 0.02mm/100mm	平面磨床
5	钳	1)划线:各孔位置线、型孔轮廓线及穿丝孔位置线,穿丝孔位置参考图 2-7; 2)钻孔:4×M8 螺纹底孔,型孔穿丝孔 ϕ4; 3)钻 3×ϕ4 孔; 4)攻螺纹	立式钻床
6	线切割	割型孔,沿型留 0.01～0.02mm 余量	电火花线切割机床
7	钳	锉修型孔,使其与凸凹模保证单边间隙 0.4mm	
8	检验	按工序内容进行检验	

任务 2.6　凸模固定板加工

凸模固定板零件如图 2-11 所示，共 1 件，材料为 45 钢，坯料尺寸 130mm×130mm×19mm。要求按照加工工艺完成零件制作，达到图样要求。

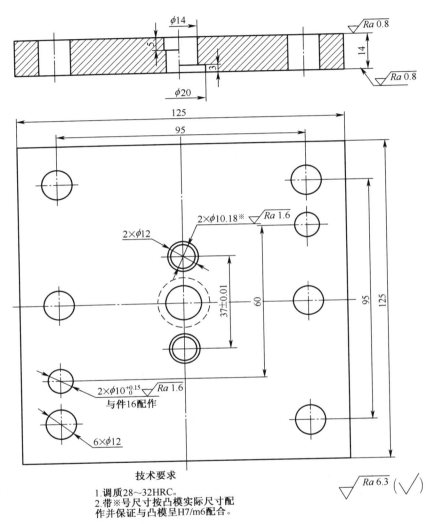

技术要求

1.调质28~32HRC。
2.带※号尺寸按凸模实际尺寸配
作并保证与凸模呈H7/m6配合。

图 2-11　凸模固定板

凸模固定板加工工艺见表 2-8。

表 2-8　凸模固定板加工工艺

序号	工序名称	工序内容	加工设备
1	备料	按尺寸 130mm×130mm×19mm 下料	
2	铣	铣六面成 125.3mm×125.3mm×14.6mm，并使两大平面和相邻两侧面相互基本垂直	普通铣床

项目二

续表

序号	工序名称	工序内容	加工设备
3	平磨	磨上下平面至尺寸，并磨两相邻侧面使四面垂直，垂直度0.02mm/100mm	平面磨床
4	钳	1）划线：各孔位置线； 2）钻孔：凸模固定孔穿丝孔ϕ4，螺纹过孔及销钉过孔	立式钻床
5	线切割	割凸模固定孔，沿型留0.01～0.02mm余量	电火花线切割机床
6	铣	铣凸模固定孔背面沉孔到要求	普通铣床
7	检验	按工序内容进行检验	

任务 2.7　凸凹模固定板加工

凸凹模固定板零件如图2-12所示，共1件，材料为45钢，坯料尺寸130mm×130mm×19mm。要求按照加工工艺完成零件制作，达到图样要求。

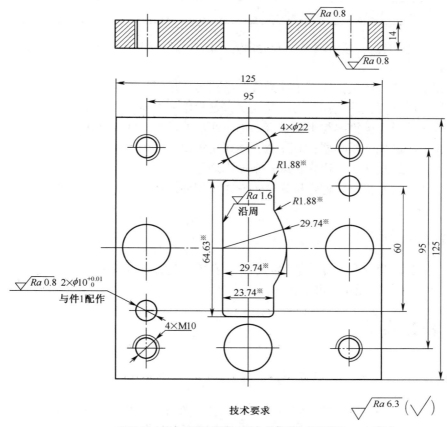

技术要求

带※尺寸按凸凹模实测尺寸配作并保证与凸凹模呈H7/m6配合。

图 2-12　凸凹模固定板

凸凹模固定板加工工艺见表 2-9。

表 2-9　凸凹模固定板加工工艺

序号	工序名称	工序内容	加工设备
1	备料	按尺寸 130mm×130mm×19mm 下料	
2	热处理	调质 28～32HRC	
3	粗铣	铣六面成 125.3mm×125.3mm×14.6mm，并使两大平面和相邻两侧面基本垂直	普通铣床
4	平磨	磨上下平面至尺寸，并磨两相邻侧面使四面垂直，垂直度 0.02mm/100mm	平面磨床
5	钳	1）划线：各孔位置线、型孔轮廓线及穿丝孔位置线，穿丝孔位置参考图 2-7； 2）钻孔：穿丝孔ϕ4，螺纹底孔，4×ϕ22 让位孔； 3）攻螺纹	立式钻床
6	线切割	割凸凹模固定孔，沿型留 0.01～0.02mm 余量	电火花线切割机床
7	检验	按工序内容进行检验	

其余零件加工工艺可参考项目一有关内容，由学生分组讨论后制定，并完成零件加工。

注意事项：

（1）钳工划线应找正位置，正确划线。钻头刃磨正确，注意安全。

（2）铰孔时，要正确选择铰刀，铰孔操作过程压力不能太大，铰刀不可反转。

（3）攻螺纹时，丝锥要与平面垂直，加注润滑油，小心仔细操作。

（4）钳工研磨抛光模具型孔时注意不能损伤刃口。

（5）操作普通机床必须遵守机床安全操作规程。

（6）操作线切割机床除遵守机床安全操作规程外，切割时先空走丝调整机床，符合要求后再进行切割零件。

【归纳总结】

通过任务 2 的学习和实操，学生熟悉了冲孔落料复合模各零件的结构及制造过程，完成了零件加工，为模具装配做好准备。

任务 3　模具装配

【任务分析】

止动件冲孔落料复合模如图 2-1 所示。在模具零件加工完成、外购件备齐后，即可进行模具总装配工作。要求按照止动件冲孔落料复合模各个零件的装配位置关系和装配工艺进行模具装配，达到图样要求。

（1）熟悉止动件冲孔落料复合模结构、零件紧固方式和配合性质。

（2）会操作模具加工设备，进行零件装配过程的补充加工，完成模具装配。

【知识技能准备】

（1）熟悉止动件冲孔落料复合模装配图，掌握模具装配方法、步骤及要求。

（2）具备钳工基本操作技能和装配技能。

（3）具备操作钻床、磨床等机床的知识和技能。

（4）具有操作模具加工设备及钳工装配的安全知识。

【任务实施】

一、组件装配

1．调整凸凹模与凹模间的冲裁间隙

（1）将凸凹模装入凸凹模固定板，并用螺钉将凸凹模固定板与下模座连接在一起。

（2）将事先准备好的垫片（厚度等于单边冲裁间隙），套在凸凹模上。

（3）将凹模板放置在凸凹模上，装入上模座，并用螺钉将上模座和凹模板拉紧。

（4）将上下部分分开，通过凹模板上的销钉孔配钻上模座上的销钉孔，并铰孔。

2．调整凸凹模与凸模间的冲裁间隙

（1）将凸凹模装入凸凹模固定板，并用螺钉将凸凹模固定板与下模座连接在一起。

（2）将凸模、凸模固定板与上模座用螺钉拉紧初装在一起。

（3）将上下部分组合在一起，用电灯或电筒照射凸模，从下模座漏料孔中观察凸模与凸凹模的间隙情况，并调整凸模位置，直到间隙均匀。

（4）拧紧螺钉，使凸模及凸凹模的位置不再移动。

（5）分开上下部分，在凸模固定板与上模座上配钻销钉孔，并铰孔。

二、模具总装配

1．下模装配

（1）将下垫板放在下模座上，并按线对齐。

（2）将已装好的凸凹模及凸凹模固定板放在下垫板上，配入销钉，拧紧螺钉。

（3）装入卸料弹簧、卸料板，用卸料螺钉拉紧卸料板，并调节预紧力使之均衡。

（4）装入导料销和挡料销。

2．上模装配

（1）将模柄装入上模座，配入防转销。

（2）将凸模装入凸模固定板。

（3）将上垫板放在上模座上，将凸模及凸模固定板放在上垫板上，装入销钉。

（4）放入打料杆，放上空心垫板，放入推件块，再放上凹模板，装入销钉。

（5）用螺钉连接上模各板，并拧紧。

3．上下模试合模

注意事项：

（1）装配前应准备好装配中需用的工具、夹具和量具。并对凹模等加工件和销钉等标准件进行检查，合格后方可进行装配。

（2）所有零件在装配前应去除毛刺，表面涂润滑油。装配时各零件应做好标记，以方便后续拆装维修。

（3）调整凸模、凹模间隙时，应仔细小心。敲击模具零件时应用橡胶榔头或铜棒，并且应使凸模进入凹模孔内，避免敲击过度而损坏模具刃口。

（4）紧固内六角螺钉时，应对角均匀拧紧，避免变形。

（5）卸料装置装配好后，卸料板应运动灵活，避免出现卸料板与凸模配合过紧或卸料板倾斜而卡死。

（6）装配完成后，上模与下模合模。采用"试切法"或"垫片法"检查凸模、凹模间隙均匀程度，若间隙不均匀，应修配调整均匀。

【归纳总结】

通过任务 3 的学习，熟悉了止动件冲孔落料复合模的装配步骤及要求，完成了模具总装配，下一步可按照任务 4 中的步骤及要求完成模具试模任务。

任务 4　试模及调试

【任务分析】

模具装配完成后，需进行试模，检查模具装配及工件质量是否合格，能否达到图样要求。试模所用压力机为 J23-63 型开式双柱可倾压力机。

【知识技能准备】

（1）熟悉 J23-63 冲床操作。
（2）熟悉复合模试模时常见问题及解决方法。
（3）了解模具在冲床上的安装步骤。
（4）具有操作冲压设备的安全知识。

【任务实施】

一、试模

（1）开启压力机电源试运行，检查压力机工作状况是否正常。

（2）搬动飞轮，将冲床滑块降至下死点，调节连杆，使冲床装模高度略大于模具的闭模高度，并将冲床打料螺栓调整至安全位置。

（3）松开滑块上模柄压块上的紧固螺栓，卸下模柄压块，将模具与冲床的接触面擦干净；将模具推移至滑块下面，使模具上的模柄对正滑块上的模柄孔；装上模柄压块，调整好模具的送料方向，再调节连杆，使滑块底面与上模座紧密接触，拧紧模柄压块上的紧固螺栓和紧定螺钉，将上模紧固在滑块上；然后用压板、螺钉将下模紧固在冲床的工作台面上。

（4）模具紧固后，调节连杆，使滑块上移，模具脱离闭合状态。

（5）搬动飞轮，使导柱脱离导套，滑块上移至上死点。再次搬动飞轮，使滑块下、上完成一个工作循环。检查有无异常情况，无异常时，即可启动压力机，不放板料，脚踏开关试冲。

（6）试冲几次无障碍后，用与条料等宽的硬纸条放在凹模板上，逐步调节连杆，使刀口相互进入 0.5～1 倍料厚，锁紧滑块调节连杆。

（7）调整冲床上打料装置螺栓，使其能顺利打出冲孔废料。

（8）放入条料进行试冲。

二、调试

模具安装好后即可进行试冲。冲出的工件，按图样要求，进行尺寸、毛刺高度及断面质量等检查。如工件存在质量问题，可按表 1-11 进行调试。

注意事项：

（1）试模前，要对模具进行一次全面的检查，检查无误后方可进行安装。

（2）模具上的活动部件，在试模前应加润滑油润滑。

（3）在压力机上的试模过程应严格遵守安全操作规程，确保操作安全。

（4）试模时模具安装应可靠。用压板螺钉将下模紧固在压力机工作台面上，选用的垫铁高度要合适，螺钉位置应靠近模具，均匀压紧压板。

（5）试冲过程中，调节连杆应缓慢，不要压紧工件。

（6）卸料弹簧弹力和压缩长度要满足卸料要求。

【归纳总结】

通过任务 4 的学习，完成了止动件冲孔落料复合模的试模及调试。至此，已完整地学习了止动件冲孔落料复合模的制造。

项目三

制造轴承盖落料拉深复合模

【学习目标】

（1）学习、巩固落料拉深模的基础理论知识。

（2）掌握轴承盖落料拉深复合模零件的加工工艺及加工方法。

（3）掌握轴承盖落料拉深复合模装配特点及调试方法。

（4）通过模具零件加工熟悉普通机械加工设备、模具加工专用设备，巩固及提高操作技能。

（5）熟悉落料拉深复合模的制造过程。

任务 1　模具制造前的准备

【识读模具装配图】

轴承盖落料拉深复合模如图 3-1 所示。图 3-2、图 3-3 为工件图和排样图。通过阅读轴承盖落料拉深复合模装配图样，要求学生熟悉模具结构、零件功能、装配关系及技术要求，了解模具工作过程。

该模具是导柱式落料拉深复合模。上下模的正确位置利用导套 10 和导柱 11 的导向来保证。拉深凸模 20、落料凹模 13、凸凹模 5 在进行冲裁和拉深之前，导柱 11 已进入导套 10，从而保证了在冲裁和拉深过程中拉深凸模 20、落料凹模 13 和凸凹模 5 之间间隙的均匀性。

上下模座和导柱、导套装配组成的部件为模架。落料凹模 13 用螺钉 17 和销钉 21 与下模座 16 紧固并定位，拉深凸模 20 用凸模固定板 14 固定，并和落料凹模 13 一起固定于下模座 16，卸料板 9 固定在落料凹模 13 上表面。凸凹模 5 用凸凹模固定板 7、螺钉 4、销钉 22 与上模座 3 紧固并定位，凸凹模 5 背面有垫板 6，压入式模柄 1 装入上模座 3。

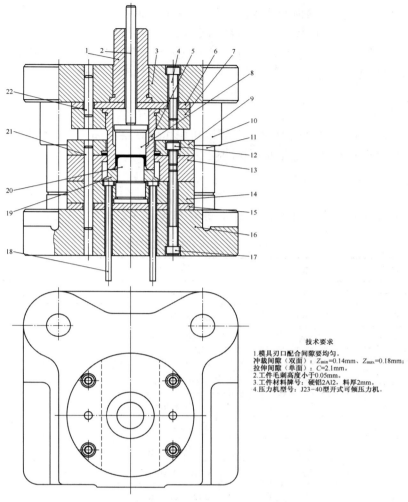

1-模柄　2-打料杆　3-上模座　4-内六角螺钉　5-凸凹模　6-凸凹模垫板　7-凸凹模固定板　8-打料块　9-卸料板
10-导套　11-导柱　12-内六角螺钉　13-落料凹模　14-凸模固定板　15-凸模垫板　16-下模座　17-内六角螺钉
18-顶杆　19-顶件块　20-拉深凸模　21-圆柱销　22-圆柱销

图 3-1　轴承盖落料拉深复合模

技术要求
1.模具刃口配合间隙要均匀。
冲裁间隙（双面）：$Z_{min}=0.14mm$、$Z_{max}=0.18mm$；
拉伸间隙（单面）：$C=2.1mm$。
2.工件毛刺高度小于0.05mm。
3.工件材料牌号：硬铝2Al2　料厚2mm。
4.压力机型号：J23-40型开式可倾压力机。

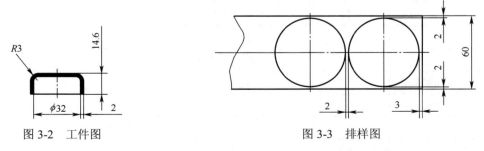

图 3-2　工件图　　　　图 3-3　排样图

　　条料采用从前向后进料方式送料。卡箍在凸凹模 5 上的废料靠刚性卸料装置进行卸料，拉深件由弹压顶料装置顶出。弹压顶料装置由顶件块 19、顶杆 18 和弹顶器组成。在凸模、凹模进行冲裁之前，由于弹顶器力的作用，顶件块 19 和凸凹模 5 压住条料，上模下行时进行冲裁分离。上模继续下行，凸凹模 5 进入落料凹模 13 内和拉深凸模 20 一起完成零件拉深工作，此时弹顶器弹性元件被压缩。上模回程时，弹顶器弹性元件弹性恢复，推动顶件块 19 把卡在拉深凸模 20 上的拉深件顶出。

【知识技能准备】

学生需具备落料拉深复合模专业基础理论知识和模具零件加工、装配等相关专业知识与技能。内容可参阅相关教材、专业书籍和冲模手册等。

【模具材料准备】

轴承盖落料拉深复合模下料单见表 3-1，采购单见表 3-2。

表 3-1　轴承盖落料拉深复合模下料单

序号	零件名称	材料	下料尺寸	数量	备注
1	打料杆	45	$\phi20\times160mm$	1	调质 28～32HRC
2	凸凹模	Cr12MoV	$\phi75\times100mm$	1	热处理 58～62HRC
3	凸凹模垫板	T8A	$\phi150\times20mm$	1	热处理 50～55HRC
4	凸凹模固定板	Q235	$\phi150\times45mm$	1	
5	打料块	45	$\phi50\times42mm$	1	调质 28～32HRC
6	卸料板	45	$\phi160\times30mm$	1	调质 28～32HRC
7	落料凹模	Cr12MoV	$\phi160\times50mm$	1	热处理 58～62HRC
8	凸模固定板	Q235	$\phi160\times40mm$	1	
9	凸模垫板	T8A	$\phi160\times20mm$	1	热处理 50～55HRC
10	顶杆	45	$\phi15\times105mm$	4	调质 28～32HRC
11	顶件块	45	$\phi75\times25mm$	1	调质 28～32HRC
12	拉深凸模	Cr12MoV	$\phi50\times76mm$	1	热处理 56～60HRC

表 3-2　轴承盖落料拉深复合模采购单

序号	名称	单位	规格	数量	备注
1	模柄	个	$\phi40\times90mm$	1	GB2862.1－81
2	内六角螺钉	个	M10×55mm	3	GB/T70.1－2008
3	内六角螺钉	个	M10×25mm	4	GB/T70.1－2008
4	内六角螺钉	个	M10×90mm	4	GB/T70.1－2008
5	圆柱销	个	$\phi10\times100mm$	2	GB119.1－2008
6	圆柱销	个	$\phi10\times50mm$	2	GB119.1－2008
7	后侧导柱模架	副	160mm×160mm×(180～200)mm	1	GB/T2851.3

项目三

【归纳总结】

通过任务 1 的学习，学生熟悉了轴承盖落料拉深复合模结构，完成毛坯下料及标准件采购，做好了模具零件加工前的准备工作。

任务 2　模具零件加工

【任务分析】

轴承盖落料拉深复合模需要加工的零件有拉深凸模、落料凹模、凸凹模、垫板、卸料板、凸模固定板、凸凹模固定板、顶件块、模柄、上模座、下模座等零件。要求按照零件加工工艺完成零件的制作，达到图样要求。

【知识技能准备】

（1）具有复合模零件加工的工艺知识。
（2）具有钳工的基本操作技能，会进行划线、钻孔、铰孔、攻螺纹、锉修等工序操作。
（3）具有操作线切割机床、数控铣床的知识与技能。
（4）具有操作车床、铣床、磨床等机械加工设备的知识与技能。

【任务实施】

任务 2.1　拉深凸模加工

拉深凸模如图 3-4 所示，共 1 件，材料为 Cr12MoV 钢，热处理 56～60HRC，坯料尺寸 $\phi50\times76$mm。要求按照表 3-3 内容完成零件制作，达到图样要求。

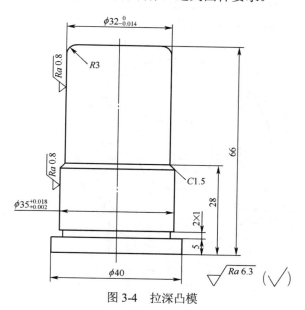

图 3-4　拉深凸模

表 3-3　拉深凸模加工工艺

序号	工序名称	工序内容	加工设备
1	备料	棒料，$\phi50\times76$mm，退火	
2	车	1）车成形，$\phi32_{-0.014}^{0}$、$\phi35_{+0.002}^{+0.018}$ 两外圆处留余量 0.5mm； 2）制两端顶尖孔，同心	普通车床
3	热处理	淬火、回火 56～60HRC	
4	车	研磨顶尖孔，同心	普通车床
5	平磨	磨上下平面，达图样要求	平面磨床
6	圆磨	磨 $\phi32_{-0.014}^{0}$、$\phi35_{+0.002}^{+0.018}$ 外圆，达图样要求	外圆磨床
7	车	修光 $R3$ 圆角	普通车床
8	检验	按工序内容进行检验	

任务 2.2　落料凹模加工

落料凹模如图 3-5 所示，共 1 件，材料为 Cr12MoV 钢，热处理 58～62HRC，坯料尺寸 $\phi160\times50$mm。要求按照表 3-4 内容完成零件制作，达到图样要求。

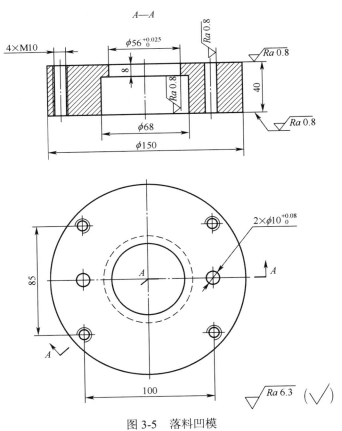

图 3-5　落料凹模

表 3-4　落料凹模加工工艺

序号	工序名称	工序内容	加工设备
1	备料	棒料，ϕ160×50mm，退火	
2	车	1）车端面，车ϕ150 外圆；调头车另一端面，长度方向留余量 0.5mm； 2）车ϕ56$^{+0.025}_{0}$ 内孔，留单边余量 0.5mm； 3）车ϕ68 内孔，达图样要求	普通车床
3	钳	1）划线：按图划 4×M10 螺纹孔；2×ϕ10$^{+0.08}_{0}$ 销钉孔中心线，打样冲； 2）钻 4×M10 螺纹底孔，攻螺纹，达图样要求； 3）配钻、铰 2×ϕ10$^{+0.08}_{0}$ 销钉孔，达图样要求	立式钻床
4	热处理	淬火、回火 58～62HRC	
5	平磨	磨上下平面，达图样要求	平面磨床
6	内外圆磨	1）磨ϕ150 外圆，达图样要求； 2）磨ϕ56$^{+0.025}_{0}$ 内孔，达图样要求	万能外圆磨床
7	检验	按工序内容进行检验	

任务 2.3　凸凹模加工

凸凹模如图 3-6 所示，共 1 件，材料为 Cr12MoV 钢，热处理 58～62HRC，坯料尺寸 ϕ75×100mm。要求按照表 3-5 内容完成零件制作，达到图样要求。

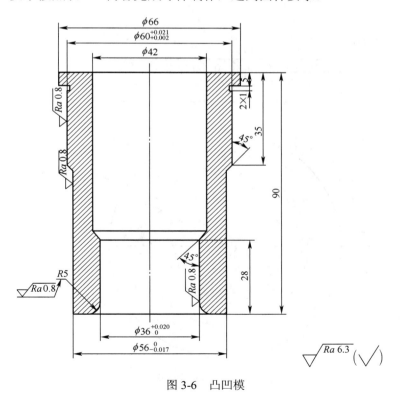

图 3-6　凸凹模

表 3-5　凸凹模加工工艺

序号	工序名称	工序内容	加工设备
1	备料	棒料，$\phi75\times100$mm，退火	
2	车	1）车端面，车 $\phi60^{+0.021}_{+0.002}$、$\phi56^{0}_{-0.017}$ 外圆，留余量 0.5mm，车 $\phi36^{+0.020}_{0}$ 内孔（通孔），留余量 0.5mm；车 $R5$ 圆角； 2）调头车 $\phi66$ 外圆，车 $\phi42$ 内孔，达图样要求； 3）车端面保证尺寸 90mm，留余量 0.5mm	普通车床
3	热处理	淬火、回火 58～62HRC	
4	平磨	磨上下平面，达图样要求	平面磨床
5	内外圆磨	1）磨 $\phi60^{+0.021}_{+0.002}$、$\phi56^{0}_{-0.017}$ 外圆，达图样要求； 2）磨 $\phi36^{+0.020}_{0}$ 内孔，达图样要求	万能外圆磨床
6	车	修光 $R5$ 圆角	普通车床
7	检验	按工序内容进行检验	

任务 2.4　凸凹模垫板加工

凸凹模垫板如图 3-7 所示，共 1 件，材料为 T8A 钢，热处理 50～55HRC，坯料尺寸 $\phi150\times20$mm。要求按照表 3-6 内容完成零件制作，达到图样要求。

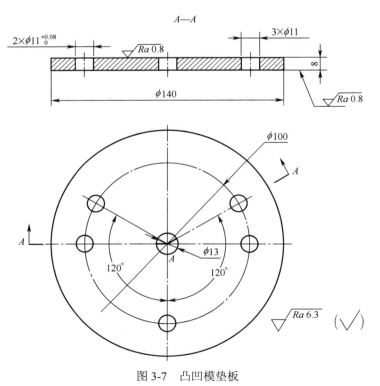

图 3-7　凸凹模垫板

表3-6　凸凹模垫板加工工艺

序号	工序名称	工序内容	加工设备
1	备料	棒料，$\phi150\times20mm$，退火	
2	车	1）车$\phi140$外圆，车两端面，厚8mm留余量0.5mm； 2）车$\phi13$内孔，达图样要求	普通车床
3	钳	1）划线：按图划$2\times\phi11^{+0.08}_{0}$、$3\times\phi11$各孔中心线，打样冲； 2）钻孔$2\times\phi11^{+0.08}_{0}$、$3\times\phi11$孔，达图样要求	立式钻床
4	热处理	淬火、回火50～55HRC	
5	平磨	磨上下两平面，达图样要求	平面磨床
6	钳	去毛刺，锐角倒钝	
7	检验	按工序内容进行检验	

任务2.5　凸模垫板加工

凸模垫板如图3-8所示，共1件，材料为T8A钢，热处理50～55HRC，坯料尺寸$\phi160\times20mm$。要求按照表3-7内容完成零件制作，达到图样要求。

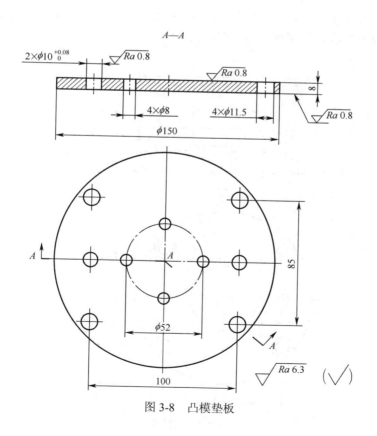

图3-8　凸模垫板

表 3-7　凸模垫板加工工艺

序号	工序名称	工序内容	加工设备
1	备料	棒料，$\phi160\times20$mm，退火	
2	车	1）车端面，车外圆$\phi150$； 2）调头车另一端面，厚 8mm 留余量 0.5mm	普通车床
3	钳	1）划线：按图划 $4\times\phi11.5$、$4\times\phi8$ 过孔、$2\times\phi10^{+0.08}_{0}$ 销钉孔各孔中心线，打样冲； 2）钻 $4\times\phi11.5$、$4\times\phi8$ 过孔，达图样要求； 3）配钻 $2\times\phi10^{+0.08}_{0}$ 销钉孔，留铰削余量 0.2mm	立式钻床
4	热处理	淬火、回火 50～55HRC	
5	平磨	磨上下两平面，达图样要求	平面磨床
6	钳	铰 $2\times\phi10^{+0.08}_{0}$ 销钉孔，达图样要求	
7	钳	去毛刺，锐角倒钝	
8	检验	按工序内容进行检验	

任务 2.6　卸料板加工

卸料板如图 3-9 所示，共 1 件，材料为 45 钢，热处理 28～32HRC，坯料尺寸$\phi160\times30$mm。要求按照表 3-8 内容完成零件制作，达到图样要求。

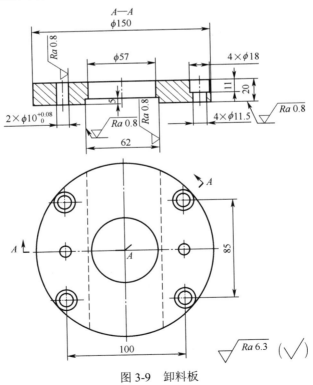

图 3-9　卸料板

表 3-8　卸料板加工工艺

序号	工序名称	工序内容	加工设备
1	备料	棒料，$\phi160\times30$mm	
2	热处理	调质 28～32HRC	
3	车	1）车端面，车外圆$\phi150$，车内孔$\phi57$，同心； 2）调头车另一端面，厚20mm留余量0.5mm	普通车床
4	平磨	磨上下两平面，达图样要求	平面磨床
5	钳	1）划线：按图划尺寸62mm轮廓线，打样冲； 2）划线：按图划$4\times\phi11.5$螺栓孔中心线，$2\times\phi10^{+0.08}_{0}$销钉孔中心线，并打样冲； 3）钻（镗）$4\times\phi11.5$螺栓孔和沉孔$4\times\phi18$深11mm； 4）配钻、铰$2\times\phi10^{+0.08}_{0}$销钉孔，达图样要求	立式钻床
6	铣	铣槽宽62mm、深5mm（对称）	立式铣床
7	钳	1）钳修槽宽62mm两面，达图样要求； 2）去毛刺，锐角倒钝	
8	检验	按工序内容进行检验	

任务 2.7　凸模固定板加工

凸模固定板如图 3-10 所示，共 1 件，材料为 Q235 钢，坯料尺寸$\phi160\times40$mm。要求按照表 3-9 内容完成零件制作，达到图样要求。

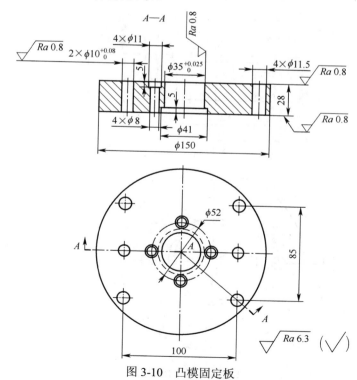

图 3-10　凸模固定板

表 3-9 凸模固定板加工工艺

序号	工序名称	工序内容	加工设备
1	备料	棒料，ϕ160×40mm	
2	车	1）车端面，车外圆ϕ150mm，车内孔ϕ35$^{+0.025}_{0}$ mm 留余量 0.5 mm； 2）调头车另一端面，厚 28mm 留余量 0.5mm； 3）车内孔ϕ41，精车内孔ϕ35，达图样要求	普通车床
3	平磨	磨上下两平面，达图样要求	平面磨床
4	钳	1）划线：按图划 4×ϕ11.5、4×ϕ8 过孔，2×ϕ10$^{+0.08}_{0}$ 销钉孔各孔中心线，打样冲； 2）配钻、铰 2×ϕ10$^{+0.08}_{0}$ 销钉孔，达图样要求	立式钻床
5	镗	1）镗 4×ϕ11.5 过孔； 2）镗 4×ϕ8 过孔和沉孔 4×ϕ11 深 5mm	卧式镗床
6	钳	去毛刺，锐角倒钝	
7	检验	按工序内容进行检验	

任务 2.8 凸凹模固定板加工

凸凹模固定板如图 3-11 所示，共 1 件，材料为 Q235 钢，坯料尺寸ϕ150×45mm。要求按照表 3-10 内容完成零件制作，达到图样要求。

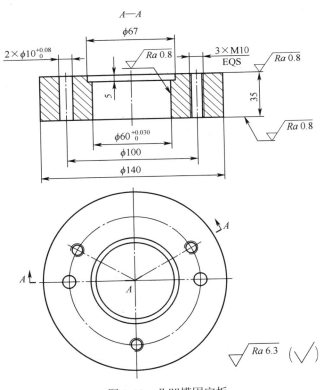

图 3-11 凸凹模固定板

表 3-10　凸凹模固定板加工工艺

序号	工序名称	工序内容	加工设备
1	备料	棒料，$\phi150\times45$mm	
2	车	1）车端面，车外圆$\phi140$，车内孔$\phi60^{+0.030}_{0}$留余量0.5mm； 2）调头车另一端面，厚35mm留余量0.5mm； 3）车内孔$\phi67$，精车内孔$\phi60^{+0.030}_{0}$，达图样要求	普通车床
3	平磨	磨上下两平面，达图样要求	平面磨床
4	钳	1）划线：按图划$3\times$M10螺纹孔，$2\times\phi10^{+0.08}_{0}$销钉孔各孔中心线，打样冲； 2）钻$3\times$M10螺纹底孔，攻螺纹，达图样要求； 3）配钻、铰$2\times\phi10^{+0.08}_{0}$销钉孔，达图样要求	立式钻床
5	钳	去毛刺，锐角倒钝	
6	检验	按工序内容进行检验	

任务 2.9　顶件块加工

顶件块如图 3-12 所示，共 1 件，材料为 45 钢，热处理 28～32HRC，坯料尺寸$\phi75\times25$mm。要求按照表 3-11 内容完成零件制作，达到图样要求。

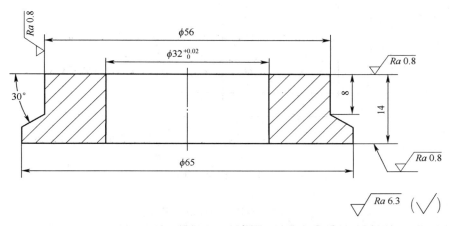

图 3-12　顶件块

表 3-11　顶件块加工工艺

序号	工序名称	工序内容	加工设备
1	备料	棒料，$\phi75\times25$mm	
2	热处理	调质 28～32HRC	
3	车	1）车端面，车外圆$\phi65$，车外圆$\phi56$，达图样要求； 2）车内孔$\phi32^{+0.02}_{0}$，达图样要求； 3）调头车另一端面，厚14mm留余量0.5mm	普通车床

序号	工序名称	工序内容	加工设备
4	平磨	磨上下两平面，达图样要求	平面磨床
5	钳	去毛刺，锐角倒钝	
6	检验	按工序内容进行检验	

任务 2.10 打料块加工

打料块如图 3-13 所示，共 1 件，材料为 45 钢，热处理 28～32HRC，坯料尺寸 $\phi50\times42$mm。要求按照表 3-12 内容完成零件制作，达到图样要求。

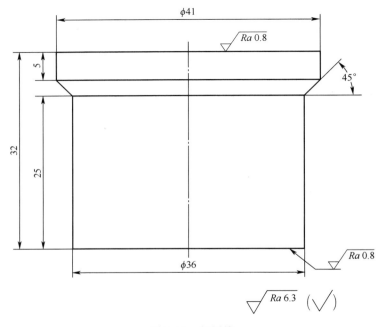

图 3-13 打料块

表 3-12 打料块加工工艺

序号	工序名称	工序内容	加工设备
1	备料	备料（退火状态）$\phi50\times42$mm	
2	热处理	调质 28～32HRC	
3	车	1）车端面，车外圆 $\phi41$，车外圆 $\phi36$ 长 25mm 并倒角，达图样要求； 2）调头车另一端面，厚 32mm 留余量 0.5mm	普通车床
4	平磨	磨上下两平面，达图样要求	平面磨床
5	钳	去毛刺，锐角倒钝	
6	检验	按工序内容进行检验	

任务 2.11　打料杆加工

打料杆如图 3-14 所示，共 1 件，材料为 45 钢，热处理 28～32HRC，坯料尺寸 $\phi20×160\text{mm}$。要求按照表 3-13 内容完成零件制作，达到图样要求。

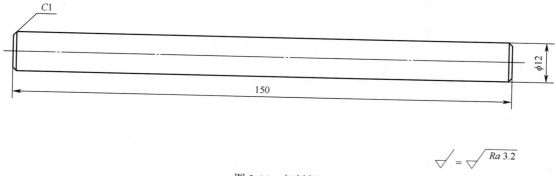

图 3-14　打料杆

表 3-13　打料杆加工工艺

序号	工序名称	工序内容	加工设备
1	备料	棒料，$\phi20×160\text{mm}$	
2	热处理	调质 28～32HRC	
3	车	1）车端面，车外圆 $\phi12$ 并倒角，达图样要求； 2）调头车另一端面并倒角，保证长度 150mm	普通车床
4	检验	按工序内容进行检验	

任务 2.12　顶杆加工

顶杆如图 3-15 所示，共 4 件，材料为 45 钢，热处理 28～32HRC，坯料尺寸 $\phi15×105\text{mm}$。要求按照表 3-14 内容完成零件制作，达到图样要求。

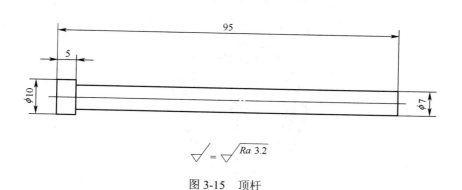

图 3-15　顶杆

表 3-14　顶杆加工工艺

序号	工序名称	工序内容	加工设备
1	备料	棒料，$\phi15\times105$mm	
2	热处理	调质 28～32HRC	
3	车	1）车端面，车外圆$\phi10$，车外圆$\phi7$ 长 90mm 并倒角，达图样要求； 2）调头车另一端面并倒角，保证长度 95mm	普通车床
4	检验	按工序内容进行检验	

任务 2.13　模柄加工

模柄如图 3-16 所示，共 1 件，材料为 Q275 钢，坯料尺寸 GB2862.1－81，$\phi40\times90$mm。要求按照表 3-15 内容完成零件制作，达到图样要求。

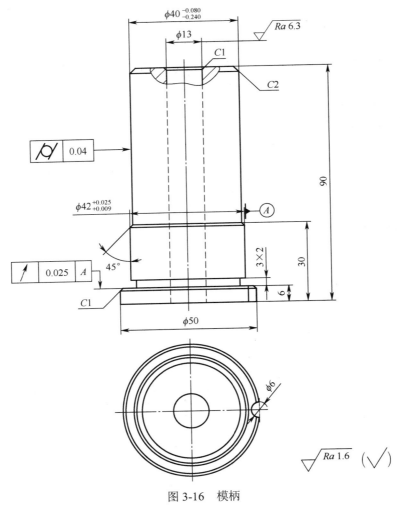

图 3-16　模柄

表 3-15　模柄加工工艺

序号	工序名称	工序内容	加工设备
1	备料	GB2862.1－81，$\phi40\times90$mm	
2	车	钻、铰内孔$\phi13$，达图样要求	普通车床
3	钳	去毛刺、钳修	
4	检验	按工序内容进行检验	

任务 2.14　上模座加工

上模座如图 3-17 所示，共 1 件，材料为 HT25-47 灰铸铁。坯料为铸造毛坯加工的半成品（GB/T2855.5－81，160mm×160mm×40mm）。要求按照表 3-16 内容完成零件制作，达到图样要求。

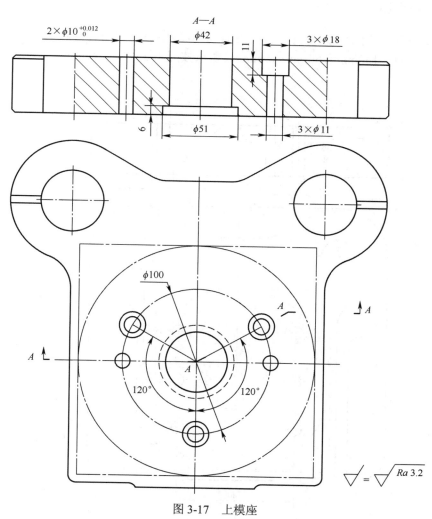

图 3-17　上模座

表 3-16　上模座加工工艺

序号	工序名称	工序内容	加工设备
1	备料	GB/T2855.5－81，160mm×160mm×40mm	
2	钳	划线：按图划ϕ42 模柄孔、3×ϕ11 螺纹过孔，2×ϕ10$_0^{+0.012}$ 销钉孔各孔中心线，打样冲	
3	镗	1）镗通孔ϕ42，镗孔ϕ51 保证深 6mm，达图样要求； 2）镗通孔 3×ϕ11，锪台阶孔 3×ϕ18 保证深 11mm	卧式镗床
4	钳	与凸凹模固定板一起配钻、铰 2×ϕ10$_0^{+0.012}$ 销钉孔，达图样要求	立式钻床
5	钳	去除毛刺、钳修	
6	检验	按工序内容进行检验	

任务 2.15　下模座加工

下模座如图 3-18 所示，共 1 件，材料为 HT25-47 灰铸铁。坯料为铸造毛坯加工的半成品（GB/T2855.6－81，160mm×160mm×45mm）。要求按照表 3-17 内容完成零件制作，达到图样要求。

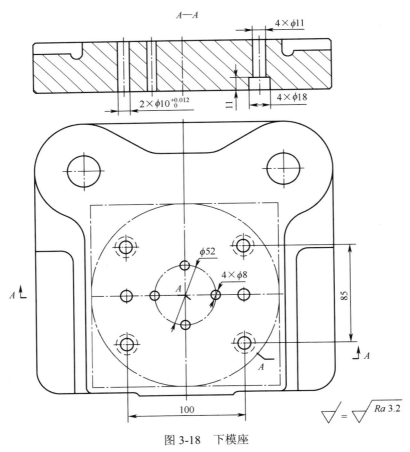

图 3-18　下模座

表 3-17　下模座加工工艺

序号	工序名称	工序内容	加工设备
1	备料	GB/T2855.5－81，160mm×160mm×45mm	
2	钳	划线：按图划 $4×\phi8$ 过孔、$4×\phi11$ 台阶孔、$2×\phi10_0^{+0.012}$ 销钉孔 各孔中心线，打样冲	
3	镗	1）镗通孔 $4×\phi8$； 2）镗通孔 $4×\phi11$，锪台阶孔 $4×\phi18$，保证深 11 mm	卧式镗床
4	钳	与凹模、凸模固定板一起配钻、铰 $2×\phi10_0^{+0.012}$ 销钉孔，达图样 要求	立式钻床
5	钳	去除毛刺、钳修	
6	检验	按工序内容进行检验	

注意事项：

（1）工艺表格中配加工工序均在装配阶段完成。

（2）钳工划线应找正位置，正确划线。钻头刃磨正确，注意安全。

（3）铰孔时，要正确选择铰刀，铰孔操作过程用力不能太大，铰刀不可反转。

（4）攻螺纹时，丝锥要与平面垂直，加注润滑油，小心仔细操作。

（5）抛光模具型孔时注意不能损伤刃口。操作机床必须遵守机床安全操作规程。

【归纳总结】

通过任务 2 的学习和实操，学生熟悉了落料拉深复合模各零件的结构及制造工艺过程，完成了零件加工，为模具装配做好准备工作。

任务 3　模具装配

【任务分析】

轴承盖落料拉深复合模如图 3-1 所示。在落料拉深复合模零件加工完成，标准件、外购件备齐后，即可进行模具总装配工作。要求按照落料拉深复合模各个零件的装配位置关系和装配工艺规程进行模具总装配，达到图样要求。

（1）熟悉轴承盖落料拉深复合模结构、零件紧固方式和配合性质。

（2）会操作模具加工设备，进行零件装配过程的补充加工，完成模具总装配。

【知识技能准备】

（1）熟悉落料拉深复合模装配图，掌握模具装配方法、步骤及要求。

（2）具备钳工基本操作技能和装配技能。

（3）具备操作钻床、磨床等机床的知识和技能。

（4）具有操作模具加工设备及钳工装配的安全知识。

【任务实施】

一、组件装配

1. 调整凸凹模与拉深凸模间隙

（1）将凸凹模 5 装入凸凹模固定板 7，装配过程中检查调整凸凹模与固定板垂直度，达到要求。

（2）在磨床上把凸凹模尾部端面与固定板上平面一起磨平，保证装配要求。

（3）用螺钉连接凸凹模固定板 7 与上模座 3，找正位置，配钻、铰 $2×\phi10mm$ 销钉孔，打入销钉，完成装配。

（4）将拉深凸模 20 装入凸模固定板 14，装配过程中检查调整凸模与凸模固定板垂直度，达到要求。

（5）在磨床上把凸模尾部端面与固定板下平面一起磨平，保证装配要求。

（6）按装配图找正位置，用平行夹头夹紧凸模固定板 14 与下模座 16，将事先准备好的垫环（厚度等于拉深模单边间隙）套入拉深凸模 20。上下模合模，导柱进入导套，调整好拉深凸模与凹模间隙，分开上下模。

（7）用平行夹头夹紧凸模固定板 14 与下模座 16，配钻、铰 $2×\phi10$ 销钉孔，松开夹头，完成拉深凸模和凹模间隙调整。

2. 调整凸凹模与落料凹模间隙

（1）按装配图将落料凹模 13 套入拉深凸模 20，找正位置，用螺钉连接下模座 16、凸模固定板 14 和落料凹模 13。上下模合模，导柱进入导套，用塞尺（厚度等于落料模单边间隙）沿凹模四周检查间隙均匀程度，调整好落料凸模与凹模间隙。

（2）紧固连接下模座 16、凸模固定板 14 和落料凹模 13 的螺钉。使凹模上平面向上，按装配图找正位置，将卸料板 9 用螺钉与落料凹模 13 紧固。

（3）调转方位，按下模座 16 和凸模固定板 14 的销钉孔位置配钻、铰落料凹模 13 和卸料板 9 的销钉孔（$2×\phi10mm$）。

（4）完成凸凹模与落料凹模的间隙调整后，拆开上模座与凸凹模固定板、下模座与凸模固定板、落料凹模和卸料板。

3. 模柄与上模座装配

（1）将模柄 1 装入上模座 3，装配过程中检查调整模柄与上模座垂直度，达到要求。

（2）在磨床上把模柄尾部端面与上模座下平面一起磨平，保证装配要求。

二、模具总装配

1. 上模装配

（1）把打料块 8 放入凸凹模 5 内，检查打料块上下移动应无卡滞现象。

（2）按装配图位置把凸凹模与固定板组件置于等高垫铁上，依次装入凸凹模垫板 6、上模座组件，找正位置用平行夹头夹紧。

（3）检查无误后，打入定位销钉，用内六角螺钉紧固。从模柄上端放入打料杆 2，完成上模装配。

2．下模装配

（1）按装配图位置把下模座 16 置于等高垫铁上，依次装入凸模垫板 15、凸模固定板组件，按图示位置放入 4 个顶杆 18 和顶件块 19。装好落料凹模 13，调整位置检查无误后打入定位销钉，用内六角螺钉紧固。

（2）将装配好的下模组件置于平板上，装入卸料板 9，找正位置，打入定位销钉，用内六角螺钉紧固。

（3）检查顶杆和顶件块运动应无卡滞现象，完成下模装配。

3．上下模试合模

注意事项：

（1）装配前应准备好装配中需用的工具、夹具和量具。装配时各零件应做好标记，以方便后续拆装维修。

（2）调整凸模、凹模间隙时，应仔细小心，敲击模具零件时应用橡胶榔头或铜棒。

（3）装配完成后，上下模合模。采用"试冲法"检查凸模、凹模间隙均匀程度，若间隙不合适，应调整。

【归纳总结】

通过任务 3 的学习，熟悉了轴承盖落料拉深复合模的装配步骤及要求，完成了模具总装配，下一步可按照任务 4 中的步骤及要求完成模具试模任务。

任务 4　试模及调试

【任务分析】

轴承盖落料拉深复合模总装配完成后，需进行试模，检查模具装配及工件质量是否合格，能否达到图样要求。试模所用压力机为 J23-40 型开式可倾压力机。

（1）要求学生掌握压力机操作规程，能按要求安装模具，操作压力机。

（2）熟悉落料拉深复合模试模中常见问题及解决方法。

【知识技能准备】

（1）熟悉 J23-40 型压力机操作规程。

（2）掌握模具在压力机上安装步骤和方法。

（3）具备操作冲压设备相关安全知识。

（4）熟悉轴承盖落料拉深复合模试模时的常见问题及解决方法。

【任务实施】

一、试模

（1）选用型号为 J23-40 型（40T）开式可倾压力机，开启电源空转试运行，检查压力机是否处于正常工作状态，设备是否完好。

（2）搬动飞轮，将压力机滑块降至下死点，调节连杆，使压力机的装模高度略大于模具的闭合高度（249mm），并将压力机打料螺栓调到安全位置。

（3）装模前，使上下模处于正确的合模状态。清理干净模具接触面和压力机工作台面，松开滑块上模柄压块的紧固螺栓，把模柄安装在压力机滑块孔中，调整好模具送料方向，使滑块底面与上模座上平面紧密贴合，拧紧压块上的紧固螺栓，将上模紧固在滑块上，然后用压板、螺钉将下模紧固在压力机工作台面上。

（4）上下模紧固后，调节连杆，使滑块上移，模具脱离闭合状态。

（5）手动盘车（搬动飞轮），滑块上移至上死点（导柱脱离导套）。再次搬动飞轮，使滑块上下完成一个工作循环，检查有无异常情况，无异常时，即可启动压力机，脚踏开关空转试冲（不放入板料）。

（6）试冲几次，运转正常后，逐步调节连杆，使凸凹模刃口进入凹模深度符合落料拉深工件高度要求（约20mm），然后锁紧滑块调节连杆，完成模具安装工作。

（7）再次试冲几次，运转正常后，把剪切好的条料放在凹模上，手动（脚踏）点动开关试冲，检查冲出的工件，形状、尺寸、公差符合图样后，模具安装调整就绪。

（8）调整模具刚性打料和弹性顶料装置，使工件顺利地从凹模中顶出，废料顺利地从凸凹模卸下。

（9）放入条料进行试冲。

二、调试

轴承盖落料拉深复合模安装好后，即可进行试冲。冲出的工件，按图样进行检查。如果落料拉深件出现质量问题，可按表3-18进行调整。

表3-18　轴承盖落料拉深复合模试模过程中出现的问题及调整方法

出现问题	产生原因	调整方法
工件拉深高度太低或太高	1）毛坯尺寸偏小或太大； 2）拉深间隙偏大或偏小； 3）凸模圆角半径小、凹模圆角半径大	1）重新确定毛坯尺寸； 2）修整或更换凸模、凹模、凸凹模零件，达到合理间隙要求； 3）加大凸模圆角半径或减小凹模圆角半径
工件出现起皱现象	1）压边力太小或不均匀； 2）拉深凸模、凹模间隙偏大； 3）拉深凹模圆角半径太大； 4）材料塑性差	1）增大压边力小或调整压边装置压力； 2）减小拉深凸模、凹模间隙； 3）减小拉深凹模圆角半径； 4）更换塑性好的材料
工件出现破裂现象	1）压边力太大； 2）拉深凸模、凹模间隙太小； 3）拉深凹模圆角半径太小或表面粗糙； 4）拉深凸模圆角半径太小； 5）拉深凸模与凹模同轴度或垂直度超差	1）调整减小压边力； 2）增大拉深凸模、凹模间隙； 3）增大拉深凹模圆角半径或降低表面粗糙度； 4）增大拉深凸模圆角半径； 5）重新装配拉深凸模与凹模，保证位置精度

续表

出现问题	产生原因	调整方法
工件表面出现拉毛现象	1）拉深凹模圆角半径太小； 2）拉深凹模圆角表面粗糙； 3）拉深凹模硬度不够，粘附板料； 4）润滑液含有杂质； 5）模具或板料表面不清洁	1）增大拉深凹模圆角半径； 2）修光拉深凹模圆角； 3）提高拉深凹模硬度； 4）更换润滑液； 5）清理模具或板料表面
卸料不正常或卡料	1）装配不正确，卸料板与凸凹模配合过紧，卸料板倾斜或卸料元件装配不当； 2）弹性元件弹力不足； 3）顶料杆尺寸短	1）修配调整卸料板、顶料装置、打料装置等零件； 2）更换弹性元件； 3）更换顶料杆
落料凸模、凹模刃口相咬	1）上下模座、固定板、垫板、落料凹模等零件安装面不平行； 2）落料凸模、凹模安装不垂直或错位； 3）导向装置导向精度差	1）修整相关零件，重新装配上模或下模； 2）重装落料凸模、凹模，对正位置； 3）修整或更换导柱、导套
工件表面不平整	1）凸模无透气孔； 2）弹顶装置在最终位置顶出力不足	1）增加凸模透气孔； 2）调整弹顶装置，增大顶出力

注意事项：

（1）试模前，要对模具进行一次全面的检查，检查无误后方可进行安装。

（2）模具上活动部件，试模前应加润滑油润滑。

（3）在压力机上试模过程应严格遵守安全操作规程，确保操作安全。

（4）试模时模具安装应可靠。用压板螺钉将下模紧固在压力机工作台面上，选用的垫铁高度要合适，螺钉位置应靠近模具，均匀压紧压板。

（5）顶料装置用弹性元件，弹力和压缩长度要满足压边和顶料要求。

【归纳总结】

通过任务 4 的学习，完成了轴承盖落料拉深复合模的试模及调试。至此，已完整地学习了轴承盖落料拉深复合模的制造。

项目四

制造限位板连续模

【学习目标】

（1）学习、巩固连续模的基础理论知识。

（2）掌握限位板连续模零件的加工工艺及加工方法。

（3）掌握连续模装配特点及调试方法。

（4）通过模具零件加工熟悉普通机械加工设备、模具加工专用设备，巩固及提高操作技能。

（5）熟悉连续模的制造过程。

任务 1　模具制造前的准备

【识读模具装配图】

限位板连续模如图 4-1 所示。图 4-2、图 4-3 为工件图和排样图。通过阅读限位板连续模装配图，要求学生熟悉模具结构、零件功能、装配关系及技术要求，了解模具工作过程。

该模具是导柱式连续模。上下模座和导柱、导套装配组成的部件为模架。上下模的正确位置利用导柱和导套的导向来保证。凹模 2 用螺钉 21 和销钉 20 与下模座 1 紧固并定位，导料板 5 对称固定在凹模 2 上，导正销 4 固定于凹模 2 上平面位置。冲孔凸模 I 18、冲孔凸模 II 19 和落料凸模 8 固定在凸模固定板 9 上，并通过螺钉 12、销钉 13 与上模座 11 紧固并定位。弹性卸料装置的卸料板 6 和橡胶 7 用卸料螺钉 16 固定于上模座 11，完成卸料功能。

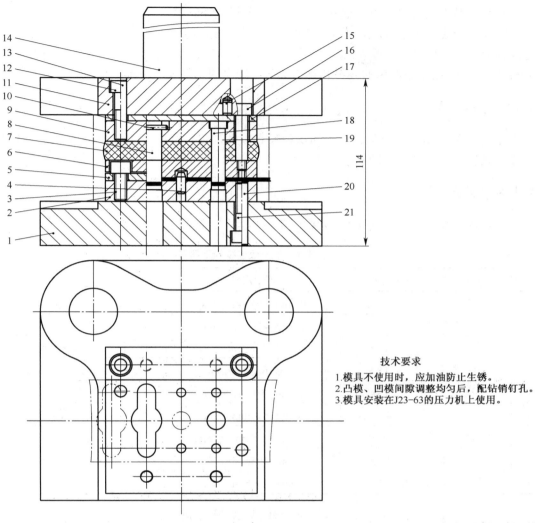

1-下模座 2-凹模 3-螺钉 4-导正销 5-导料板 6-卸料板 7-橡胶 8-落料凸模 9-凸模固定板 10-横销 11-上模座
12-螺钉 13-销钉 14-模柄 15-防转销 16-卸料螺钉 17-垫板 18-冲孔凸模Ⅰ 19-冲孔凸模Ⅱ 20-销钉 21-螺钉

图 4-1　限位板连续模装配图

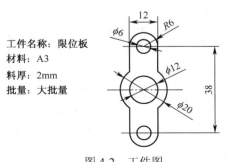

工件名称：限位板
材料：A3
料厚：2mm
批量：大批量

图 4-2　工件图

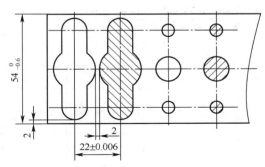

图 4-3　排样图

技术要求
1.模具不使用时，应加油防止生锈。
2.凸模、凹模间隙调整均匀后，配钻销钉孔。
3.模具安装在J23-63的压力机上使用。

条料采用从右向左进料方式送料。冲裁时，条料放在凹模 2 上，由导料板 5 导向。在凸模、凹模进行冲裁工作之前，由于橡胶 7 弹力的作用，卸料板 6 先压住条料，上模继续下行时进行冲裁分离，此时橡胶 7 被压缩。上模回程时，橡胶 7 弹性恢复推动卸料板 6 把箍在凸模上的废料卸下。第一道工序冲出的废料和第二道工序冲出的工件在凸模推动下，从下漏料孔落下。

【知识技能准备】

学生需具备连续模专业基础理论知识和模具零件加工、装配等相关知识与技能。内容可参阅相关教材、专业书籍和冲模手册等。

【模具材料准备】

限位板连续模下料单见表 4-1，采购单见表 4-2。

表 4-1　限位板连续模下料单

序号	零件名称	材料	下料尺寸	数量	备注
1	凹模	Cr12	105mm×105mm×19mm	1	淬火 60～64HRC
2	落料凸模	Cr13	62mm×47mm×48mm	1	淬火 58～62HRC
3	冲孔凸模Ⅰ	T8A	$\phi12×80mm$	2	淬火 58～62HRC
4	冲孔凸模Ⅱ	T8A	$\phi16×80mm$	1	淬火 58～62HRC
5	垫板	T8A	105mm×105mm×8mm	1	淬火 58～62HRC
6	导料板	45 钢	105mm×27mm×9mm	1	
7	卸料板	45 钢	105mm×105mm×17mm	1	调质 28～32HRC
8	凸模固定板	45 钢	105mm×105mm×19mm	1	调质 28～32HRC
9	聚氨酯橡胶	聚氨酯橡胶	100mm×100mm×15mm	1	

表 4-2　限位板连续模采购单

序号	名称	单位	规格	数量	备注
1	后侧导柱模架	副	100mm×100mm×(110～130)mm	1	GB/T 2851－2008
2	螺钉	个	M8×33mm	8	GB/T70.1－2008
3	螺钉	个	M6×31mm	4	GB/T70.1－2008
4	螺钉	个	M8×18mm	2	GB/T70.1－2008
5	卸料螺钉	个	$\phi8×31mm$	4	JB/T7649.10－2008
6	销钉	个	$\phi8×35mm$	4	GB119.1－2000
7	导正销	个	$\phi6×12mm$	2	GB119.1－2000
8	销钉	个	$\phi3×28mm$	1	GB119.1－2000
9	销钉	个	$\phi6×10mm$	1	GB119.1－2000
10	模柄	个	$\phi50×85mm$	1	JB/T7646.1－2008

【归纳总结】

通过任务 1 的学习，学生熟悉了限位板连续模结构，完成毛坯下料及标准件采购，做好了模具零件加工前的准备工作。

任务 2　模具零件加工

【任务分析】

限位板连续模需要加工的零件包括凸模、凹模、垫板、卸料板、凸模固定板、模柄、上模座、下模座等。要求按照加工工艺完成零件的制作，达到图样要求。

【知识技能准备】

（1）具有连续模零件加工的工艺知识。
（2）具有钳工的基本操作技能，会进行划线、钻孔、铰孔、攻螺纹、锉修等操作。
（3）具有操作线切割机床的知识与技能。
（4）具有操作车床、铣床、磨床等机械加工设备的知识与技能。

【任务实施】

任务 2.1　落料凸模加工

落料凸模零件如图 4-4 所示，共 1 件，材料为 Cr12 钢，淬火硬度 58～62HRC，坯料尺寸 62mm×47mm×48mm。要求按照加工工艺完成零件制作，达到图样要求。

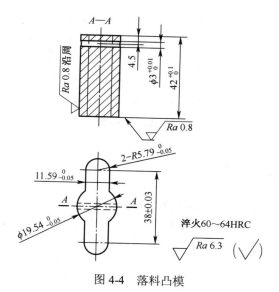

图 4-4　落料凸模

落料凸模加工工艺见表 4-3。

表 4-3　落料凸模加工工艺

序号	工序名称	工序内容	加工设备
1	备料	按尺寸 62mm×47mm×48mm 下料，退火	
2	铣	铣六面成 60mm×45mm×43mm	普通铣床
3	平磨	磨高度两平面至尺寸 42.6mm	平面磨床
4	钳	按图 4-5 划 φ4 穿丝孔位置线，并钻孔	
5	热处理	淬、回火，硬度 58～62HRC	
6	平磨	磨高度至尺寸	平面磨床
7	线切割	割凸模及横销吊装孔，其中凸模单边留 0.01～0.02mm 余量	电火花线切割机床
8	钳	1）研凸模并配入横销，一并装入凸模固定板； 2）研磨刃口侧壁达图样要求	
9	检验	按工序内容进行检验	

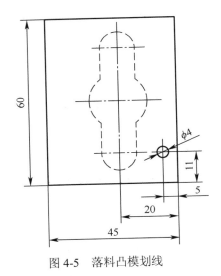

图 4-5　落料凸模划线

任务 2.2　冲孔凸模 I 加工

冲孔凸模 I 零件如图 4-6 所示，共 2 件，材料为 T8A，淬火硬度 58～62 HRC，坯料尺寸 φ12×80mm。要求按照加工工艺完成零件制作，达到图样要求。

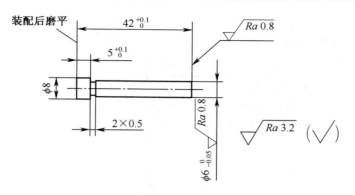

图 4-6　冲孔凸模 I

冲孔凸模 I 加工工艺见表 4-4。

表 4-4　冲孔凸模 I 加工工艺

序号	工序名称	工序内容	加工设备
1	备料	按尺寸 $\phi12\times80$mm 下料，退火	
2	车	车成型，两段外圆面均留磨削余量 0.4mm，两端留磨削工艺夹头，如图 4-7 所示；两端钻中心孔	普通车床
3	热处理	淬、回火，硬度 58～62HRC	
4	车	研磨工艺夹头中心孔	普通车床
5	圆磨	磨外圆面达图样要求	外圆磨床
6	线切割	去工艺夹头	电火花线切割机床
7	平磨	磨两端面达图样要求	平面磨床
8	检验	按工序内容进行检验	

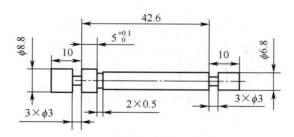

图 4-7　冲孔凸模 I 工序图

任务 2.3　冲孔凸模 II 加工

冲孔凸模 II 零件如图 4-8 所示，共 1 件，材料为 T8A，淬火硬度 58～62 HRC，坯料尺寸 $\phi18\times80$mm。要求按照加工工艺完成零件制作，达到图样要求。

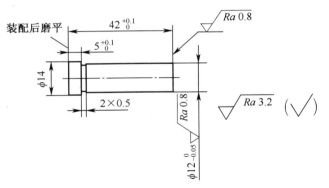

图 4-8　冲孔凸模 II

冲孔凸模 II 加工工艺见表 4-5。

表 4-5　冲孔凸模 II 加工工艺

序号	工序名称	工序内容	加工设备
1	备料	按尺寸 $\phi18 \times 80$mm 下料，退火	
2	车	车成型，两段外圆面均留磨削余量 0.4mm，两端留磨削工艺夹头，如图 4-9 所示；两端钻中心孔	普通车床
3	热处理	淬、回火，硬度 58～62HRC	
4	车	研磨工艺夹头中心孔	普通车床
5	圆磨	磨外圆面达图样要求	外圆磨床
6	线切割	去工艺夹头	电火花线切割机床
7	平磨	磨两端面达图样要求	平面磨床
8	检验	按工序内容进行检验	

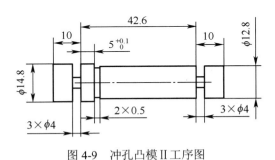

图 4-9　冲孔凸模 II 工序图

任务 2.4　凹模加工

凹模零件如图 4-10 所示，共 1 件，材料为 Cr12 钢，淬火硬度 60～64HRC，坯料尺寸 105mm×105mm×19mm。要求按照加工工艺完成零件制作，达到图样要求。

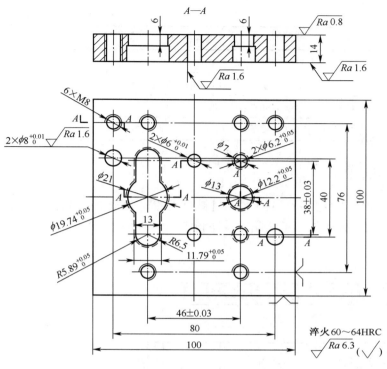

图 4-10　凹模

凹模加工工艺见表 4-6。

表 4-6　凹模加工工艺

序号	工序名称	工序内容	加工设备
1	备料	按尺寸 105mm×105mm×19mm 下料，退火	
2	铣	铣六面成 100.3mm×100.3mm×15mm，注意上下两面与两相邻侧面用标准角尺测量达基本垂直	普通铣床
3	平磨	磨上下平面至 14.6mm，并磨两相邻侧面达四面垂直，垂直度 0.02mm/100mm	平面磨床
4	划	划各孔位置线及漏料孔轮廓线	
5	镗	1）在异型孔中心钻$\phi 4$ 穿丝孔； 2）钻、铰$\phi 12.2_0^{+0.05}$ 孔，锪$\phi 13$ 沉孔； 3）钻、铰$2×\phi 6.2_0^{+0.05}$ 孔，锪$\phi 7$ 沉孔； 4）钻、铰$2×\phi 6_0^{+0.01}$、$2×\phi 8_0^{+0.01}$ 孔； 注意：$\phi 4$ 穿丝孔与其他型孔保证位置尺寸	镗床
6	铣	按线铣异型漏料孔，沿型留研修余量 0.2mm	普通铣床
7	钳	1）锉修异型漏料孔； 2）钻 6×M8 螺纹底孔，攻螺纹	立式钻床
8	热处理	淬、回火，硬度 60～64HRC	

序号	工序名称	工序内容	加工设备
9	平磨	磨上下平面达图样要求	平面磨床
10	线切割	以穿丝孔找正，割凹模洞口，并留 0.01～002mm 研修余量	电火花线切割机床
11	钳	研磨洞口内壁侧面达图样要求	
12	检验	按工序内容进行检验	

任务 2.5　卸料板加工

卸料板零件如图 4-11 所示，共 1 件，材料为 45 钢，调质 28～32HRC，坯料尺寸 105mm×105mm×17mm。要求按照加工工艺完成零件制作，达到图样要求。

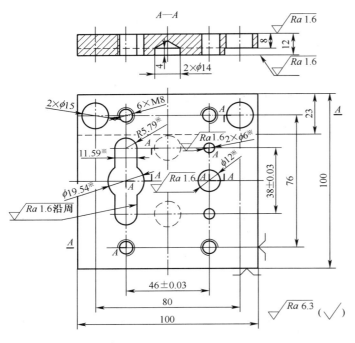

技术要求

1.带※尺寸与件9凸模固定板一起采用线切割，但该件放电间隙要保证对应尺寸与凸模形成单边0.2mm的间隙。

2.调质 28～32HRC。

图 4-11　卸料板

卸料板加工工艺见表 4-7。

表 4-7　卸料板加工工艺

序号	工序名称	工序内容	加工设备
1	备料	按尺寸 105mm×105mm×17mm 下料	
2	热处理	调质 28～32HRC	
3	铣	铣六面成尺寸 100.3mm×100.3mm×12.6mm，注意两大平面与两相邻侧面用标准角尺测量达基本垂直	普通铣床

序号	工序名称	工序内容	加工设备
4	平磨	磨上下平面至尺寸，并磨两相邻侧面达四面垂直，垂直度 0.02mm/100mm	平面磨床
5	划	划各孔位置线、台阶线及型孔轮廓线	
6	镗	1）在异型孔中心钻ϕ4穿丝孔； 2）钻、铰ϕ12※孔，2×ϕ6※孔； 注意：ϕ4穿丝孔与其他型孔保证位置尺寸	镗床
7	铣	按划线铣削台阶，留单边锉修余量0.8mm	普通铣床
8	线切割	以穿丝孔找正，割异型孔，单面留0.01～002mm研修余量	电火花线切割机床
9	钳	1）锉修台阶面及型孔内壁侧面达尺寸要求； 2）钻、铰2×ϕ14、2×ϕ15孔； 3）钻4×M8螺纹底孔，攻螺纹	立式钻床
10	检验	按工序内容进行检验	

任务2.6　凸模固定板加工

凸模固定板零件如图4-12所示，共1件，材料为45钢，坯料尺寸105mm×105mm×19mm。要求按照加工工艺完成零件制作，达到图样要求。

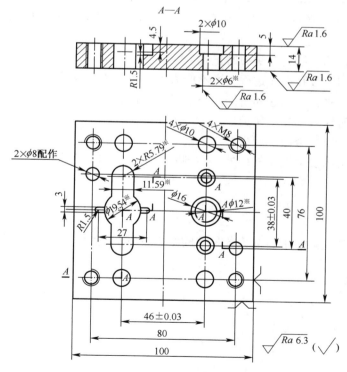

技术要求

1.带※尺寸与件6卸料板一起采用线切割，但该件放电间隙要保证对应尺寸与凸模形成H7/m6的过渡配合。

2.调质28～32HRC。

图4-12　凸模固定板

凸模固定板加工工艺见表 4-8。

表 4-8　凸模固定板加工工艺

序号	工序名称	工序内容	加工设备
1	备料	按尺寸 105mm×105mm×19mm 下料	
2	热处理	调质 28～32HRC	
3	铣	铣六面成 100.3mm×100.3mm×14.6mm, 注意两大平面与两相邻侧面用标准角尺测量达基本垂直	普通铣床
4	平磨	磨上下平面至尺寸,并磨两相邻侧面达四面垂直,垂直度 0.02mm/100mm	平面磨床
5	划	划各孔位置线、落料凸模横销槽位置线及型孔轮廓线	
6	镗	1) 在异型孔中心钻$\phi 4$ 穿丝孔; 2) 钻、铰$\phi 12^{*}$孔,2×$\phi 6^{*}$孔,锪沉孔	镗床
7	线切割	以穿丝孔找正,割异型孔,单面留 0.01～002mm 研修余量,与卸料板同心	电火花线切割机床
8	铣	按划线铣削横销槽	普通铣床
9	钳	1) 锉修异型孔内壁侧面达图样要求; 2) 锉修横销槽; 3) 钻 4×M8 螺纹底孔,攻螺纹; 3) 配钻、铰 2×$\phi 8$ 销孔	立式钻床
10	检验	按工序内容进行检验	

其余零件加工工艺可参考项目一有关内容,由学生分组讨论后制定,并完成零件加工。

注意事项:

(1) 钳工划线应找正位置,正确划线。钻头刃磨正确,注意安全。

(2) 铰孔时,要正确选择铰刀,铰孔操作过程压力不能太大,铰刀不可反转。

(3) 攻螺纹时,丝锥要与平面垂直,加注润滑油,小心仔细操作。

(4) 钳工研磨抛光模具型孔时注意不能损伤刃口。

(5) 操作普通机床必须遵守机床安全操作规程。

(6) 操作线切割机床除遵守机床安全操作规程外,切割时先空走丝调整机床,符合要求后再进行切割零件。

【归纳总结】

通过任务 2 的学习和实操,学生熟悉了连续模各零件的结构及制造过程,完成了零件加工,为模具装配做好准备。

任务 3　模具装配

【任务分析】

限位板连续模如图 4-1 所示。在模具零件加工完成、外购件备齐后,即可进行模具总装配工作。要求按照限位板连续模各个零件的装配位置关系和装配工艺进行模具装配，达到图样和技术要求。

（1）熟悉限位板连续模结构、零件紧固方式和配合性质。

（2）会操作模具加工设备，进行零件装配过程的补充加工，完成模具装配。

【知识技能准备】

（1）熟悉限位板连续模装配图，掌握模具装配方法、步骤及要求。

（2）具备钳工基本操作技能和装配技能。

（3）具备操作钻床、磨床等机床的知识和技能。

（4）具有操作模具加工设备及钳工装配的安全知识。

【任务实施】

一、组件装配

调整凸模与凹模间的冲裁间隙：

（1）将凸模装入凸模固定板，配磨顶面，然后用螺钉将凸模固定板与上模座连接在一起。

（2）将事先准备好的垫片（厚度等于单边冲裁间隙）套在凸模上。

（3）将凹模放置在凸模上，装入下模座，调整间隙均匀，然后用螺钉将下模座和凹模板拉紧。

（4）将上下部分分开，通过凹模上的销钉孔配钻下模座上的销钉孔，并铰孔。

二、模具总装配

1．下模装配

（1）将凹模放在下模座上，并按线对齐。

（2）将导正销装入凹模内，装入螺钉、销钉。

（3）将导料板放到凹模面上，并按线对齐，再装入螺钉、销钉。

2．上模装配

（1）将模柄装入上模座，配入防转销。

（2）将凸模装入凸模固定板。

（3）将垫板放在上模座上，将凸模及凸模固定板组件放在垫板上，装入螺钉、销钉。

（4）将聚氨酯橡胶、卸料板、卸料螺钉等装入上模部分，调整预压力并保证卸料板水平。

3．上下模试合模

注意事项：

（1）装配前应准备好装配中需用的工具、夹具和量具，并对凹模等加工件和销钉等标准件进行检查，合格后方可进行装配。

（2）所有零件在装配前应去除毛刺，表面涂润滑油。装配时各零件应做好标记，以方便后续拆装维修。

（3）调整凸模、凹模间隙时，应仔细小心。敲击模具零件时应用橡胶榔头或铜棒，并且应使凸模进入凹模孔内，避免敲击过度而损坏模具刃口。

（4）紧固内六角螺钉时，应对角均匀拧紧，避免变形。

（5）卸料装置装配好后，卸料板应运动灵活，避免出现卸料板与凸模配合过紧或卸料板倾斜而卡死。

（6）装配完成后，上模与下模合模。采用"试切法"或"垫片法"检查凸模、凹模间隙均匀程度，若间隙不均匀，应修配调整均匀。

【归纳总结】

通过任务 3 的学习，熟悉了限位板连续模的装配步骤及要求，完成了模具总装配，下一步可按照任务 4 中的步骤及要求完成模具试模任务。

任务 4   试模及调试

【任务分析】

模具装配完成后，需进行试模，检查模具装配及工件质量是否合格，能否达到图样要求。试模所用压力机为 J23-63 型开式双柱可倾压力机。

【知识技能准备】

（1）熟悉 J23-63 冲床操作。

（2）熟悉连续模试模时常见问题及解决方法。

（3）了解模具在冲床上的安装步骤。

（4）具有操作冲压设备的安全知识。

【任务实施】

限位板连续模的试模及调试参考项目一进行。

注意事项：

（1）试模前，要对模具进行一次全面的检查，检查无误后方可进行安装。

（2）模具上的活动部件，试模前应加润滑油润滑。

（3）在压力机上试模过程应严格遵守安全操作规程，确保操作安全。

（4）试模时模具安装应可靠。用压板螺钉将下模紧固在压力机工作台面上，选用的垫铁高度要合适，螺钉位置应靠近模具，均匀压紧压板。

（5）试冲过程中，调节连杆应缓慢，不要压紧工件。

【归纳总结】

通过任务 4 的学习，完成了限位板连续模的试模及调试。至此，已完整地学习了限位板连续模的制造。

项目五
制造加强片 U 形弯曲模

【学习目标】

（1）学习、巩固弯曲模的基础理论知识。

（2）掌握加强片 U 形弯曲模零件的加工工艺及加工方法。

（3）掌握加强片 U 形弯曲模装配特点及调试方法。

（4）通过模具零件加工熟悉普通机械加工设备、模具加工专用设备，巩固并提高操作技能。

（5）熟悉加强片 U 形弯曲模的制造过程。

任务 1　模具制造前的准备

【识读模具装配图】

加强片 U 形弯曲模如图 5-1 所示，图 5-2 为工件图。通过阅读加强片 U 形弯曲模装配图样，要求学生熟悉模具结构、零件功能、装配关系及技术要求，了解模具工作过程。

该模具为普通 U 形弯曲模，采用弯曲凹模在下的结构形式。弯曲工作时上下模的正确位置利用压力机滑块、导轨的导向来保证。上模部分包括凸模 7、圆柱销 5 和槽形模柄 6 三个零件。凸模 7 用圆柱销 5 固定在槽形模柄 6 上。下模部分包括下模座 10、凹模 3、顶件块 4、定位板 8 以及螺钉、销钉等零件。定位板 8 固定在凹模 3 上平面。顶件块 4 沿凹模 3 内孔上下运动实现顶料作用。模座下方的弹顶器采用标准结构。

弯曲工作时，冲裁好的坯料置于凹模 3 上平面，通过定位板 8 实现定位。当压力机滑块下行时，凸模 7 将坯料压紧在顶件块 4 上，在凸模 7、凹模 3 和顶件块 4 共同作用下，完成 U 形件弯曲成形。

该模具结构紧凑，操作方便，满足生产要求。

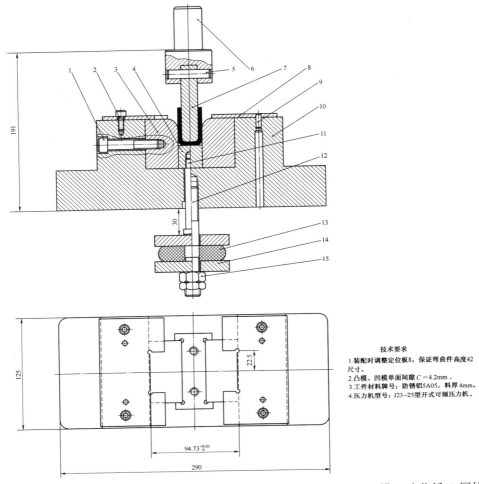

技术要求
1.装配时调整定位板8,保证弯曲件高度42尺寸。
2.凸模、凹模单面间隙 $C=4.2mm$。
3.工件材料牌号:防锈铝5A05,料厚4mm。
4.压力机型号:J23-25型开式可倾压力机。

1-内六角螺钉 2-内六角螺钉 3-凹模 4-顶件块 5-圆柱销 6-槽形模柄 7-凸模 8-定位板 9-圆柱销
10-下模座 11-顶杆螺钉 12-拉杆螺栓 13-橡胶板 14-弹顶器托板 15-六角螺母

图 5-1 加强片 U 形弯曲模

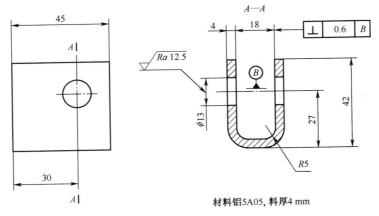

材料铝5A05,料厚4 mm

图 5-2 工件图

【知识技能准备】

学生需具备弯曲模专业基础理论知识和模具零件加工、装配等相关专业知识与技能。内容可参阅相关教材、专业书籍和冲模手册等。

【模具材料准备】

加强片 U 形弯曲模下料单见表 5-1，采购单见表 5-2。

表 5-1　加强片 U 形弯曲模下料单

序号	零件名称	材料	下料尺寸	数量	备注
1	凹模	Cr12MoV	80mm×65mm×45mm	对称各1件	热处理 58～62HRC
2	顶件块	45	50mm×95mm×35mm	1	热处理 28～32HRC
3	凸模	Cr12MoV	80mm×95mm×28mm	1	热处理 56～60HRC
4	定位板	45	80mm×130mm×12mm	对称各1件	调质 25～28HRC
5	下模座	HT25-47		1	铸造毛坯
6	弹顶器托板	45	90mm×20mm	2	调质 25～28HRC
7	槽形模柄	个	$d=30mm$	1	GB2862.4－81
8	橡胶板（自定）	橡胶		1	

表 5-2　加强片 U 形弯曲模采购单

序号	名称	单位	规格	数量	备注
1	螺钉	个	M10×55mm	4	GB/T70.1－2008
2	螺钉	个	M6×15mm	4	GB/T70.1－2008
3	圆柱销	个	10mm×45mm	2	GB119.1－2008
4	圆柱销	个	$\phi6×15mm$	4	GB119.1－2008
5	顶杆螺钉	个	M10×80mm	2	JB/T7650.5－2008
6	拉杆螺栓	个	M16×220mm	1	JB/T7650.2－2008
7	六角螺母	个	M16	2	GB/T6170－2000

【归纳总结】

通过任务 1 的学习，学生熟悉了加强片 U 形弯曲模结构，完成毛坯下料及标准件采购，做好了模具零件加工前的准备工作。

任务 2　模具零件加工

【任务分析】

　　加强片 U 形弯曲模需要加工的零件包括凸模、凹模、定位板、顶件块、弹顶器托板、槽形模柄、下模座等，要求按照零件加工工艺完成零件的制作，达到图样要求。

【知识技能准备】

　　（1）具有弯曲模零件加工的工艺知识。
　　（2）具有钳工的基本操作技能，会进行划线、钻孔、铰孔、攻螺纹、锉修等工序操作。
　　（3）具有操作车床、铣床、磨床、线切割机床等机械加工设备的知识与技能。

【任务实施】

任务 2.1　凸模加工

　　凸模如图 5-3 所示，共 1 件，材料为 Cr12MoV 钢，热处理 56～60HRC，坯料尺寸 80mm×95mm×28mm。要求按照表 5-3 内容完成零件制作，达到图样要求。

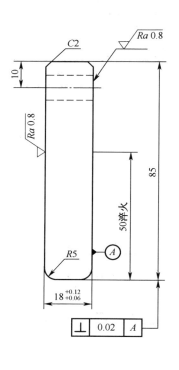
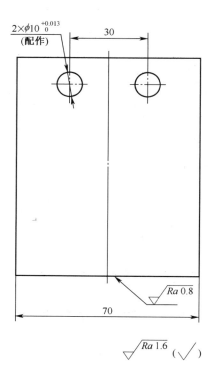

图 5-3　凸模

表 5-3　凸模加工工艺

序号	工序名称	工序内容	加工设备
1	备料	按尺寸 80mm×95mm×28mm 下料，退火	
2	铣	铣六面，尺寸 70.5mm×85.5mm×18.5mm，保证垂直度	立式铣床
3	钳	倒两侧倒角 C2，倒两侧圆角 R5	
4	热处理	淬火、回火 58～62HRC，淬火部位为凸模下端 50mm 范围	
5	平磨	1）磨尺寸 70mm×85mm 各平面符合图样要求； 2）磨尺寸 18mm，公差、粗糙度符合图样要求	平面磨床
6	钳	1）钳修 R5 符合图样要求，修光倒角 2×C2、倒棱； 2）装入模柄中，配钻、铰 2×φ10 销钉孔，公差、粗糙度符合图样要求	立式钻床
7	检验	按工序内容进行检验	

任务 2.2　凹模加工

凹模如图 5-4 所示，左右对称共 2 件，材料为 Cr12MoV 钢，热处理 58～62HRC，坯料尺寸 80mm×65mm×45mm。要求按照表 5-4 内容完成零件制作，达到图样要求。

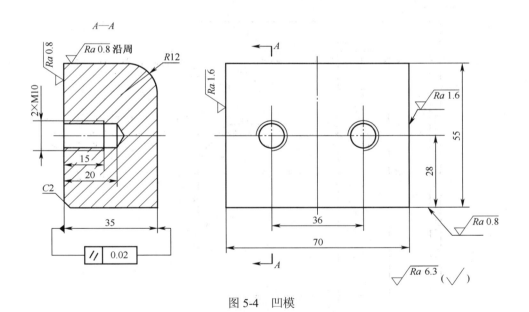

图 5-4　凹模

表 5-4　凹模加工工艺

序号	工序名称	工序内容	加工设备
1	备料	按尺寸 80mm×65mm×45mm 下料，退火	
2	铣	铣六面，尺寸 70.5mm×35.5mm×55.5mm	立式铣床

续表

序号	工序名称	工序内容	加工设备
3	平磨	磨六面，尺寸 70.2mm×35.2mm×55.2mm，保证垂直度	平面磨床
4	钳	1）划线：按图划 2×M10 螺纹孔中心线，打样冲； 2）钻 2×M10 螺纹底孔深 20mm，并攻螺纹符合图样要求； 3）钳修倒角 C2	立式钻床
5	数铣	铣凹模圆角 R12 并修光（或钳修圆角 R12）	数控铣床
6	热处理	淬火、回火 58～62HRC	
7	平磨	磨六面，尺寸 70mm×35mm×55mm，符合图样要求	平面磨床
8	钳	去毛刺，抛光圆角 R12	
9	检验	按工序内容进行检验	

任务 2.3　定位板加工

定位板如图 5-5 所示，左右对称共 2 件，材料为 45 钢，热处理 25～28HRC，坯料尺寸 80mm×130mm×12mm。要求按照表 5-5 内容完成零件制作，达到图样要求。

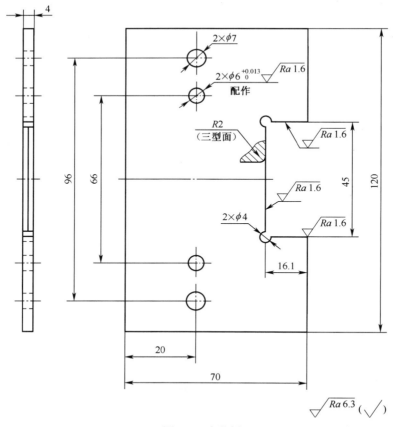

图 5-5　定位板

表 5-5 定位板加工工艺

序号	工序名称	工序内容	加工设备
1	备料	按尺寸 80mm×130mm×12mm 下料	
2	热处理	调质 25～28HRC	
3	铣	铣六面，尺寸 70.5mm×120.5mm×4.5mm	立式铣床
4	平磨	磨六面，尺寸 70mm×120mm×4mm，保证垂直度	平面磨床
5	钳	1）划线：按图划 2×ϕ7 过孔、2×ϕ6 销钉孔中心线，划尺寸 45mm 定位槽轮廓线，打样冲； 2）钻孔 2×ϕ7； 3）配钻、铰 2×ϕ6 销钉孔，公差、粗糙度符合图样要求	立式钻床
6	线切割	线切割尺寸 45mm×16.1mm 定位槽符合图样要求	电火花线切割机床
7	钳	钳修抛光圆角 R2（三面），去毛刺、倒棱	
8	检验	按工序内容进行检验	

任务 2.4 顶件块加工

顶件块如图 5-6 所示，共 1 件，材料为 45 钢，热处理 25～28HRC，坯料尺寸 50mm× 95mm×35mm。要求按照表 5-6 内容完成零件制作，达到图样要求。

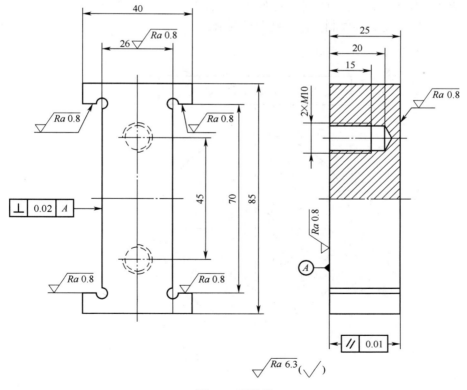

图 5-6 顶件块

表 5-6　顶件块加工工艺

序号	工序名称	工序内容	加工设备
1	备料	按尺寸 50mm×95mm×35mm 下料	
2	热处理	调质 25～28HRC	
3	铣	铣六面，尺寸 40.5mm×85.5mm×25.5mm	立式铣床
4	平磨	磨六面，尺寸 40mm×85mm×25mm，保证垂直度	平面磨床
5	钳	1）划线：按图划 2×M10 螺纹孔中心线，划尺寸 70mm×26mm 对称导槽轮廓线，打样冲； 2）钻 2×M10 螺纹底孔深 20mm，并攻螺纹符合图样要求	立式钻床
6	线切割	线切割尺寸 70mm×26mm 对称导槽轮廓符合图样要求	电火花线切割机床
7	钳	钳修抛光导槽左、右两面，去毛刺，倒棱	
8	检验	按工序内容进行检验	

任务 2.5　弹顶器托板加工

弹顶器托板如图 5-7 所示，共 2 件，材料为 45 钢，热处理 25～28HRC，坯料尺寸 ϕ90×20mm。要求按照表 5-7 内容完成零件制作，达到图样要求。

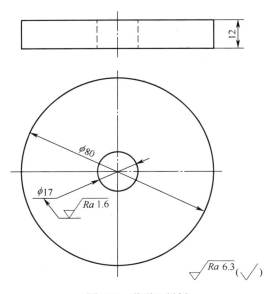

图 5-7　弹顶器托板

表 5-7　弹顶器托板加工工艺

序号	工序名称	工序内容	加工设备
1	备料	棒料，$\phi90\times20$mm	
2	热处理	调质 28～32HRC	
3	车	1）车端面，车外圆$\phi80$符合图样要求； 2）钻、扩内孔$\phi17$符合图样要求； 3）调头车另一端面，保证厚 12mm	普通车床
4	钳	去毛刺，锐角倒钝	
5	检验	按工序内容进行检验	

任务 2.6　槽形模柄加工

槽形模柄如图 5-8 所示，共 1 件，材料为 Q275 钢，坯料尺寸$\phi76\times91$mm。要求按照表 5-8 内容完成零件制作，达到图样要求。

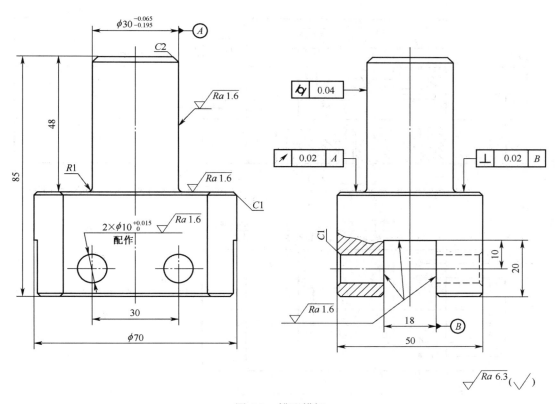

图 5-8　槽形模柄

表 5-8　槽形模柄加工工艺

序号	工序名称	工序内容	加工设备
1	备料	按尺寸 $\phi76\times91\,mm$ 下料	
2	车	车端面和 $\phi70\times37\,mm$，倒角 掉头装夹，车端面和 $\phi30\times48\,mm$，倒角	普通车床
3	铣	1）铣槽 18mm，保证槽与凸模的装配关系 M7/h6； 2）铣削两平面，尺寸 50mm	立式铣床
4	检验	按工序内容进行检验	

任务 2.7　下模座加工

下模座如图 5-9 所示，共 1 件，材料为 HT25-47 灰铸铁（可用 Q235 钢替代），坯料为铸造毛坯。要求按照表 5-9 内容完成零件制作，达到图样要求。

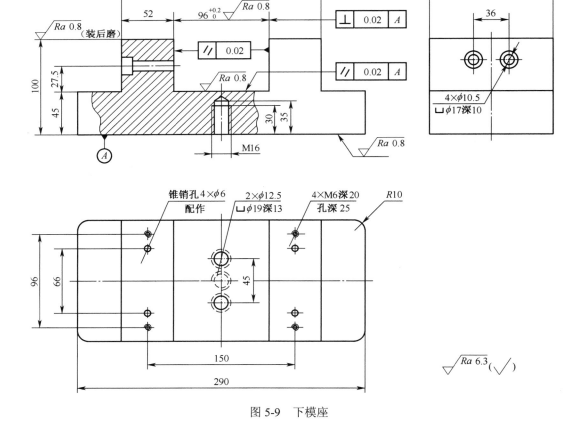

图 5-9　下模座

表 5-9　下模座加工工艺

序号	工序名称	工序内容	加工设备
1	备料	（铸件毛坯）清理毛坯表面	
2	钳	划线：按图划底面、顶面、侧面及内槽轮廓线，打样冲	
3	铣	1）以顶面为基准、找正，铣底面，留单面余量 0.3mm； 2）以底面为基准，铣顶面、侧面及内槽留单面余量 0.3mm	立式铣床
4	平磨	1）以顶面为基准、找正，磨底面符合图样要求； 2）以底面为基准，磨顶面符合图样要求； 3）以底面为基准，磨侧面及内槽，公差、粗糙度符合图样要求	平面磨床
5	钳	1）划线：按图划底面螺纹孔 M16、顶杆孔 2×ϕ12.5、侧面螺钉过孔 4×ϕ10.5、顶面销钉孔 4×ϕ6、螺纹 4×M6 各孔中心线，打样冲； 2）钻 M16 螺纹底孔深 35mm，并攻螺纹；钻 4×M6 螺纹底孔深 25mm，并攻螺纹符合图样要求 3）配钻、铰 4×ϕ6 销钉孔，公差、粗糙度符合图样要求	立式钻床
6	镗	1）镗侧面螺钉过孔 4×ϕ10.5 和沉孔 4×ϕ17 深 10mm； 2）镗底面顶杆孔 2×ϕ12.5 和沉孔 4×ϕ19 深 13mm	卧式镗床
7	钳	去毛刺、倒棱，修磨相关面	
8	检验	按工序内容进行检验	

注意事项：

（1）工艺表格中的配作加工工序均在装配阶段完成。

（2）钳工划线应找正位置，正确划线。钻头刃磨正确，注意安全。

（3）铰孔时，要正确选择铰刀，铰孔操作过程用力不能太大，铰刀不可反转。

（4）攻螺纹时，丝锥要与平面垂直，加注润滑油，仔细操作。

（5）操作机床必须遵守机床安全操作规程。线切割机床切割时，先空走丝调整机床，符合要求后再进行切割零件。

【归纳总结】

通过任务 2 的学习和实操，学生熟悉了加强片 U 形弯曲模各零件的结构及制造工艺过程，完成了零件加工，为模具装配做好准备工作。

任务 3　模具装配

【任务分析】

加强片 U 形弯曲模如图 5-1 所示。在模具零件加工完成、外购件备齐后，即可进行模具总装配工作。要求按照零件的装配位置关系和装配工艺进行模具总装配，达到图样要求。

（1）熟悉加强片 U 形弯曲模结构、零件紧固方式和配合性质。

（2）会操作模具加工设备，进行零件装配过程的补充加工，完成模具总装配。

【知识技能准备】

（1）熟悉加强片 U 形弯曲模装配图，掌握模具装配方法、步骤及要求。

（2）具备钳工基本操作技能和装配技能。

（3）具备操作钻床、铣床、磨床等机床的知识和技能。

（4）具有操作模具加工设备及钳工装配的安全知识。

【任务实施】

1. 下模装配

下模装配需要完成下模座与凹模、定位板、顶件块等零件的装配及弹顶器的装配与连接。

（1）将两块凹模分别装入下模座内，左右对称找正位置，配磨 35mm 厚度尺寸，保证凸凹模间隙达到装配技术要求，用螺钉紧固后，齐磨上平面。

（2）按图装入顶件块 4，调整位置使顶件块上下移动自如，安装并紧固顶杆螺钉 11。

（3）按图安装定位板 8，左右对称找正位置，用螺钉紧固。试模合格后，配钻、铰 4×ϕ6mm 销钉孔，装入销钉。

（4）按顺序装入弹顶器拉杆螺栓 12、弹顶器托板 14、橡胶 13 并用螺母紧固防松。调整弹顶器弹力符合顶料要求。

（5）按模具装配图进行检验。

2. 上模装配

上模装配主要是完成槽形模柄与凸模等零件的装配，需配合加工销钉孔和修配凸模与模柄槽配合尺寸，并完成装配任务。

（1）将凸模 7 装入模柄 6 槽内，找正位置用平行夹头夹紧，配钻、铰 2×ϕ10 销钉孔，完成后拆开，去毛刺、倒棱。

（2）将凸模 7 重新装入模柄 6 槽内，找正位置，装入销钉。

（3）按模具装配图进行检验。

3. 上下模试合模

注意事项：

（1）装配前应准备好工具、夹具和量具。

（2）装配时各零件应做好标记，以方便后续拆装维修。

（3）装配完成后，上下模合模。采用"试冲法"检查凸模、凹模间隙大小和均匀程度，若间隙不合适，应调整。

【归纳总结】

通过任务 3 的学习，熟悉了加强片 U 形弯曲模的装配步骤及要求，完成了模具总装配，下一步可按照任务 4 中的步骤及要求完成模具试模任务。

任务 4　试模及调试

【任务分析】

加强片 U 形弯曲模总装配完成后，需进行试模，检查模具装配及工件质量是否合格，能否达到图样要求。试模所用压力机为 J23-25 型开式可倾压力机。

（1）要求学生掌握压力机操作规程，能按要求安装模具，操作压力机。

（2）熟悉弯曲模试模中的常见问题及解决方法。

【知识技能准备】

（1）熟悉 J23-25 型压力机操作规程。

（2）掌握模具在压力机上的安装方法。

（3）具备操作冲压设备相关安全知识。

（4）熟悉加强片 U 形弯曲模试模时的常见问题及解决方法。

【任务实施】

一、试模

（1）选用型号为 J23-25 型（25T）开式可倾压力机，开启电源空转试运行，检查压力机是否处于正常工作状态，设备是否完好。

（2）搬动飞轮，将压力机滑块降至下死点，调节连杆，使压力机的装模高度略大于模具的闭合高度（191mm），并将压力机打料螺栓调到安全位置。

（3）松开滑块上模柄压块的紧固螺栓，把模柄安装在压力机滑块孔中，调整好模具方向，使滑块底面与模柄上平面紧密贴合，拧紧压块上的紧固螺栓，将上模紧固在滑块上。

清理干净下模底面和压力机工作台面，把下模推移至凸模下面，在凸模与凹模间垫 4mm 厚的铝片，调节连杆，使凸模压紧下模，然后用压板、螺钉将下模紧固在压力机工作台面上。

（4）上下模紧固后，调节连杆，使滑块上移，模具脱离闭合状态。

（5）手动盘车（搬动飞轮），滑块上移至上死点。再次搬动飞轮，使滑块上下完成一个工作循环，检查有无异常情况，无异常时，即可启动压力机，脚踏开关空转试冲（不放入板料）。

（6）试冲几次，运转正常后，在压力机工作台面下方装入弹顶装置并调整好弹顶力。

（7）放入 1 个工件坯料，逐步调节连杆，使凸模与凹模之间的间隙等于材料厚度，锁紧滑块调节连杆。

（8）放入工件坯料进行试冲。

二、调试

加强片 U 形弯曲模安装好后，即可进行试冲。冲出的弯曲件，按图样进行检查。如弯曲件出现质量问题，可按表 5-10 进行调整。

表 5-10　加强片 U 形弯曲模试模过程中出现的问题及调整方法

出现问题	产生原因	调整方法
弯曲件尺寸和形状不合格	1）弹性变形使制件产生回弹； 2）凸模、凹模之间间隙过大	1）改变凸模的角度和形状； 2）减小凸模、凹模之间的间隙； 3）增加凹模型槽深度； 4）增加校正力或采用校正弯曲
弯曲件弯曲部位产生裂纹	1）弯曲件内圆角半径小； 2）弯曲凹模圆角半径小； 3）剪切断面毛刺在弯曲件外侧	1）加大凸模圆角半径； 2）加大凹模圆角半径； 3）使毛刺在弯曲件内侧，圆角带在外侧
弯曲件表面划伤	1）凹模圆角半径小，表面粗糙； 2）板料粘附在凹模上	1）加大凹模圆角半径，修光表面，尤其是凹模圆角表面； 2）提高凹模表面硬度，可采用镀铬或化学处理
弯曲件弯曲位置偏移	1）定位板位置不正确； 2）弯曲件两侧受力不平衡； 3）凸模、凹模相对位置不准确	1）重装定位板，保证其位置正确； 2）分析弯曲件受力不平衡原因，并调整； 3）调整凸模、凹模相对位置

注意事项：

（1）试模前，要对模具进行一次全面的检查，检查无误后方可进行安装。

（2）模具上活动部件，试模前应加润滑油润滑。

（3）在压力机上试模过程应严格遵守安全操作规程，确保操作安全。

（4）试模时模具安装应可靠。用压板螺钉将下模紧固在压力机工作台面上，选用的垫铁高度要合适，螺钉位置应靠近模具，均匀压紧压板。

（5）弹顶器的弹力和压缩长度要满足要求。

【归纳总结】

通过任务 4 的学习，完成了加强片 U 形弯曲模的试模及调整。至此，已完整地学习了 U 形弯曲模的制造。

项目六

制造管支架注射模

【学习目标】

（1）学习、巩固单分型面注射模的理论知识。

（2）掌握注射模零件的加工工艺及加工方法。

（3）掌握注射模装配方法。

（4）进一步熟悉机械加工设备、模具加工专用设备，巩固并提高操作技能。

任务 1　模具制造前的准备

【识读模具装配图】

管支架注射模装配图如图 6-1 所示。管支架塑件图如图 6-2 所示。通过阅读模具装配图，要求学生熟悉模具结构、零件功能、装配关系及技术要求，了解模具工作过程。

管支架注射模由动、定模两部分组成。注射成型时，高温料流经过浇注系统充满型腔，经保压、冷却而固化成型。开模时，成型塑件由推出机构推出。该模具结构为一模四腔。

定模部分主要由定位圈 9、浇口套 11、导套 8 及定模座板 13 组成，定位圈 9 压紧浇口套 11，并用螺钉 10 与定模座板 13 连接。导套 8 与定模座板 13 之间采用过渡配合的方式连接。

动模部分包括模架结构零件、导向零件和推出机构三大部分。结构零件主要有动模板 6、支承板 14、垫块 2 和动模座板 1 等，采用螺钉连接的方式。推出机构包括推板 3、推杆固定板 4、推杆 5、19、复位杆 18 等。

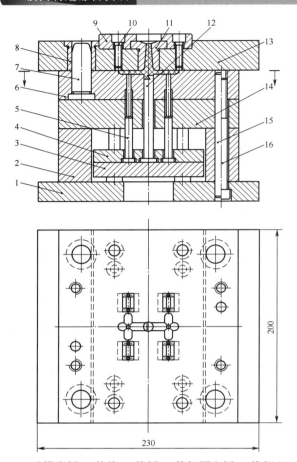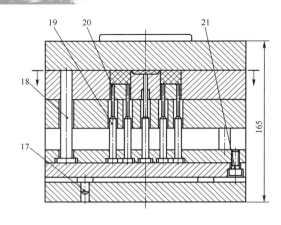

1-动模座板 2-垫块 3-推板 4-推杆固定板 5-推杆Ⅰ 6-动模板 7-导柱 8-导套 9-定位圈 10-螺钉 11-浇口套
12-拉料杆 13-定模座板 14-支承板 15-销钉 16-螺钉 17-垃圾钉 18-复位杆 19-推杆Ⅱ 20-镶块 21-螺钉

图 6-1 管支架注射模装配图

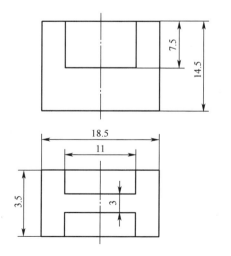

图 6-2 管支架塑件图

【知识技能准备】

需具备注射模的专业理论知识和模具零件加工等相关知识与技能。内容可参阅相关教材、专业书籍和手册等。

【模具材料准备】

管支架注射模下料单见表 6-1。

表 6-1　管支架注射模下料单

序号	零件名称	材料	数量	规格	备注
1	动模座板	Q235	1	235mmmm×205mm×25mm	
2	垫块	Q235	2	205mm×38mm×55mm	
3	推板	45	1	205mm×115mm×20mm	调质 28～32HRC
4	推杆固定板	45	1	205mm×115mm×18mm	调质 28～32HRC
5	推杆Ⅰ	CrWMn	2	$\phi12.5×100mm$	GB4169.1－2006
6	动模板	P20	1	205mm×185mm×35mm	
7	导柱	T8A	4	$\phi20×63mm$	GB4169.4－2006
8	导套	T8A	4	$\phi20×32mm$	GB4169.3－2006
9	定位圈	45	1	$\phi100×40mm$	调质 28～32HRC
10	螺钉		3	M8×20mm	GB/T70.1－2008
11	浇口套	45	1	$\phi40×55mm$	淬火 40～45HRC
12	拉料杆	CrWMn	1	$\phi10×100mm$	GB4169.1－2006
13	定模座板	45	1	235mm×205mm×40mm	调质 28～32HRC
14	支承板	45	1	205mm×185mm×35mm	调质 28～32HRC
15	销钉		2	$\phi12×130mm$	GB119.1－2000
16	螺钉		4	M12×110mm	GB/T70.1－2008
17	垃圾钉		4	$\phi8$	GB4169.9－2006
18	复位杆	T8A	4	$\phi12×100mm$	GB4169.1－2006
19	推杆Ⅱ		8	$\phi12.5×100mm$	GB4169.1－2006
20	镶块	P20	2	30mm×24mm×28mm	
21	螺钉		4	M8×20mm	GB/T70.1－2008

【归纳总结】

通过任务 1 的学习，学生熟悉了管支架注射模结构，完成毛坯下料及标准件采购，做好了模具零件加工前的准备工作。

任务 2　模具零件加工

【任务分析】

管支架注射模需要加工的零件有定模座板、动模板、支承板、动模座板、推杆固定板、推板、镶块、垫块等，要求按照零件加工工艺完成各零件的制作，达到图样要求。

【知识技能准备】

（1）具有注射模零件加工的工艺知识。
（2）具有钳工的基本操作技能，会划线、钻孔、铰孔、攻螺纹等钳工操作。
（3）具有操作线切割机床的知识与技能。
（4）具有操作车床、铣床、磨床、数控铣床等机械加工设备的知识与技能。

【任务实施】

任务 2.1　定模座板加工

定模座板零件如图 6-3 所示，共 1 件，材料为 45 钢，坯料尺寸 235mm×205mm×40mm。要求按照加工工艺完成零件制作，达到图样要求。

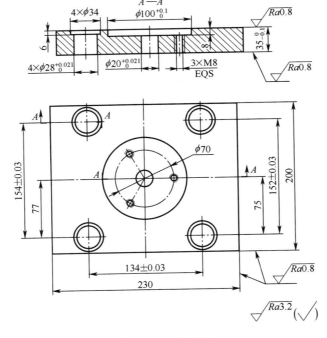

图 6-3　定模座板

定模座板加工工艺见表 6-2。

表 6-2　定模座板加工工艺

序号	工序名称	工序内容	加工设备
1	备料	按尺寸 235mm×205mm×40mm 下料	
2	热处理	调质 28～32HRC	
3	铣	铣六面成 230.5mm×200.5mm×35.5mm	普通铣床
4	平磨	磨上下面至尺寸，磨垂直基准面，保证两相邻基准侧面的垂直度≤0.02mm	平面磨床
5	镗	1）镗 $4×\phi 28^{+0.021}_{0}$ 导套孔，锪台阶孔； 2）钻、扩、铰 $\phi 20^{+0.021}_{0}$ mm 浇口套孔，锪 $\phi 100^{+0.1}_{0}$ 台阶孔	镗床
6	钳	与定位圈配钻 3×M8 螺纹底孔，攻螺纹，棱边倒钝	立式钻床
7	检验	按工序内容进行检验	

任务 2.2　定位圈加工

定位圈零件如图 6-4 所示，共 1 件，材料为 45 钢，坯料尺寸 $\phi 105×40$mm。要求按照加工工艺完成零件制作，达到图样要求。

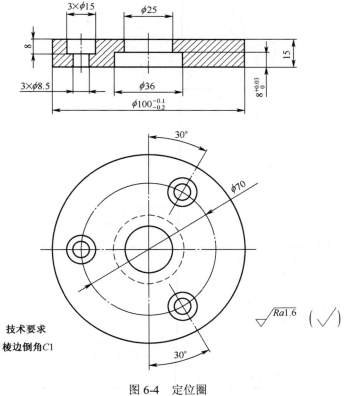

图 6-4　定位圈

定位圈加工工艺见表 6-3。

表 6-3　定位圈加工工艺

序号	工序名称	工序内容	加工设备
1	备料	棒料，$\phi 105 \times 40$mm	
2	热处理	调质 28～32HRC	
3	车	车外圆面及 $\phi 25$、$\phi 36$ 内孔至尺寸，车两端面，保证尺寸 $8^{+0.02}_{0}$ mm	普通车床
4	钳	钻 $3 \times \phi 8.5$ 孔，锪 $3 \times \phi 15$ 台阶孔，棱边倒角	立式钻床
5	检验	按工序内容进行检验	

任务 2.3　浇口套加工

浇口套零件如图 6-5 所示，共 1 件，材料为 45 钢，坯料尺寸 $\phi 40 \times 55$mm。要求按照加工工艺完成零件制作，达到图样要求。

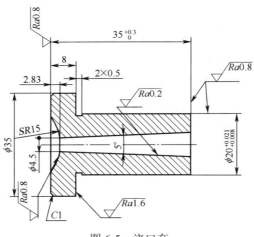

图 6-5　浇口套

浇口套加工工艺见表 6-4。

表 6-4　浇口套加工工艺

序号	工序名称	工序内容	加工设备
1	备料	棒料，$\phi 40 \times 55$mm	
2	车	1）车外形，$\phi 20^{+0.021}_{+0.008}$ 留 0.4～0.6mm 磨削余量，保证长度 35.5mm； 2）车球面 $SR15$ 至尺寸； 3）钻内孔 $\phi 4.2$； 4）按 5°锥角计算，选择钻头扩成阶梯孔； 5）锥铰刀铰削内锥孔，留 0.05mm 研磨余量	普通车床
3	热处理	淬火，硬度 40～45HRC	

序号	工序名称	工序内容	加工设备
4	圆磨	以内锥孔定位磨削 $\phi20^{+0.021}_{+0.008}$ 外圆达图样要求	外圆磨床
5	车	研磨 $SR15$ 及内锥孔	普通车床
6	检验	按工序内容进行检验	

任务 2.4　动模板加工

动模板零件如图 6-6 所示，共 1 件，材料为 P20 钢，坯料尺寸 205mm×185mm×35mm。要求按照加工工艺完成零件制作，达到图样要求。

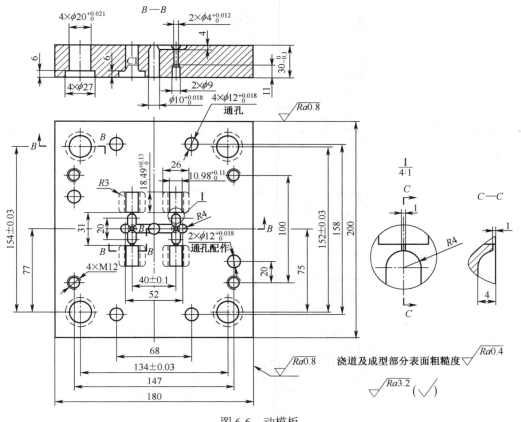

图 6-6　动模板

动模板加工工艺见表 6-5。

表 6-5　动模板加工工艺

序号	工序名称	工序内容	加工设备
1	备料	按尺寸 205mm×185mm×35mm 下料	
2	铣	铣六面成 200.5mm×180.5mm×30.5mm	普通铣床

续表

序号	工序名称	工序内容	加工设备
3	平磨	磨上下面至尺寸，磨垂直基准面，保证两相邻基准侧面的垂直度≤0.02mm	平面磨床
4	镗	镗 $4×\phi20_0^{+0.021}$ 导柱孔，钻、铰 $4×\phi12_0^{+0.018}$ 复位杆孔、$2×\phi4_0^{+0.012}$、$\phi10_0^{+0.012}$ 孔，锪台阶孔，钻4×M12螺丝底孔，在各型孔中心钻穿丝孔$\phi4$ 注意：导柱孔需与定模座板导套孔保证同心	镗床
5	划	划型孔底部台阶孔轮廓线，划浇道轮廓线	
6	铣	铣型孔底部台阶孔至尺寸；铣浇道，沿型留研磨余量0.01～0.02mm	普通铣床
7	线切割	割4个型孔，沿型留研磨余量0.01～0.02mm	电火花线切割机床
8	钳	1）研磨型孔侧壁及浇道，锉修型孔底部台阶孔； 2）攻螺纹； 3）棱边倒钝； 4）与动模座板、垫块、支承板配作 $2×\phi12_0^{+0.018}$ 销孔	立式钻床
9	检验	按工序内容进行检验	

任务 2.5 镶块加工

镶块零件如图6-7所示，共4件，材料为P20钢，坯料尺寸30mm×28mm×24mm。要求按照加工工艺完成零件制作，达到图样要求。

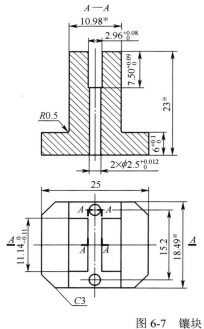

图6-7 镶块

镶块加工工艺见表 6-6。

表 6-6 镶块加工工艺

序号	工序名称	工序内容	加工设备
1	备料	按尺寸 30mm×28mm×24mm 下料	
2	铣	铣六面成 25.5mm×23.8mm×19mm	普通铣床
3	平磨	磨六面，尺寸 18.49※mm 与动模板配作，其余达图样要求，保证两相邻基准侧面的垂直度≤0.02mm	平面磨床
4	数铣	1）铣 $6^{+0.1}_{0}$ mm 台阶面，精铣 $2.96^{+0.08}_{0}$ mm 槽，保证尺寸 $7.50^{+0.09}_{0}$ mm，沿型留 0.01～0.02mm 研磨余量； 2）钻、铰 $2×\phi2.5^{+0.012}_{0}$ 孔； 3）铣 C3 倒角	数控铣床
5	钳	研修成形面及配合面	
6	检验	按工序内容进行检验	

任务 2.6 支承板加工

支承板零件如图 6-8 所示，共 1 件，材料为 45 钢，坯料尺寸 205mm×185mm×35mm。要求按照加工工艺完成零件制作，达到图样要求。

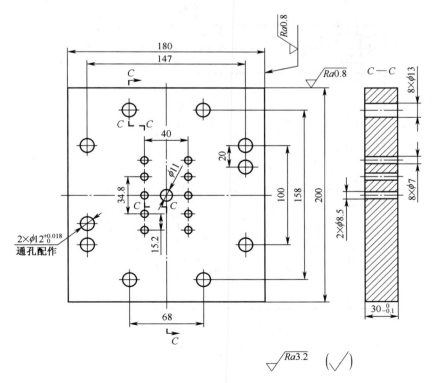

图 6-8 支承板

支承板加工工艺见表 6-7。

表 6-7　支承板加工工艺

序号	工序名称	工序内容	加工设备
1	备料	按尺寸 205mm×185mm×35mm 下料	
2	热处理	调质 28～32HRC	
3	铣	铣六面成 200.5mm×180.5mm×30.5mm	普通铣床
4	平磨	磨上下面至尺寸，磨垂直基准面，保证两相邻基准侧面的垂直度 ≤0.02mm	平面磨床
5	钳	1）配钻各过孔达图样要求； 2）棱边倒钝； 3）与动模座板、垫块、动模板配作 2×$\phi12^{+0.018}_{0}$ 销孔	立式钻床
6	检验	按工序内容进行检验	

任务 2.7　动模座板加工

动模座板零件如图 6-9 所示，共 1 件，材料为 Q235 钢，坯料尺寸 235mm×205mm×25mm。要求按照加工工艺完成零件制作，达到图样要求。

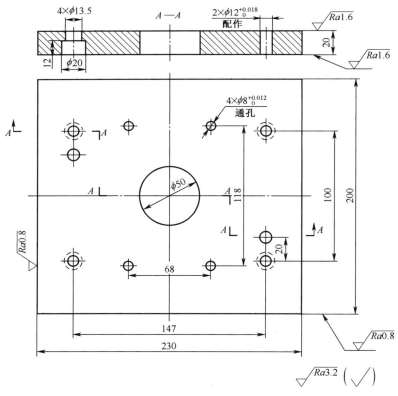

图 6-9　动模座板

动模座板加工工艺见表 6-8。

表 6-8　动模座板加工工艺

序号	工序名称	工序内容	加工设备
1	备料	按尺寸 235mm×205mm×25mm 下料	
2	铣	铣六面成 230.5mm×200.5mm×20.5mm	普通铣床
3	平磨	磨上下面至尺寸，磨垂直基准面，保证两相邻基准侧面的垂直度≤0.02mm	平面磨床
4	镗	镗ϕ50 孔	镗床
5	钳	1）钻、铰 4×$\phi 8^{+0.012}_{0}$ 垃圾钉定位孔； 2）配钻 4×ϕ13.5 螺钉过孔，锪 4×ϕ20 台阶孔； 3）棱边倒钝； 4）与动模板、垫块、支承板配作 2×$\phi 12^{+0.018}_{0}$ 销孔	立式钻床
6	检验	按工序内容进行检验	

任务 2.8　推杆固定板加工

推杆固定板零件如图 6-10 所示，共 1 件，材料为 45 钢，坯料尺寸 205mm×115mm×18mm。要求按照加工工艺完成零件制作，达到图样要求。

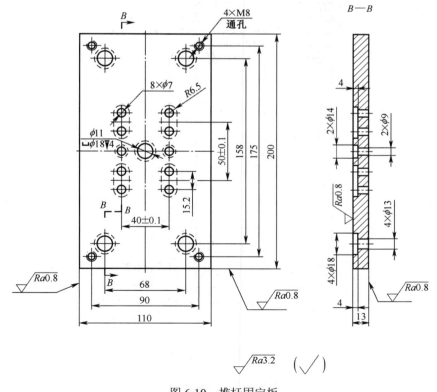

图 6-10　推杆固定板

推杆固定板加工工艺见表 6-9。

表 6-9　推杆固定板加工工艺

序号	工序名称	工序内容	加工设备
1	备料	按尺寸 205mm×115mm×18mm 下料	
2	热处理	调质 28～32HRC	
3	铣	铣六面成 200.5mm×110.5mm×13.5mm	普通铣床
4	平磨	磨上下面至尺寸,磨垂直基准面,保证两相邻基准侧面的垂直度≤0.02mm	平面磨床
5	镗	铣背面台阶孔,钻、锪 2×ϕ9 台阶孔,钻、锪 4×ϕ13 台阶孔,钻、锪ϕ11 台阶孔,钻 8×ϕ7 孔,钻 4×M8 螺纹底孔	镗床
6	钳	攻 4×M8 螺纹,棱边倒钝	
7	检验	按工序内容进行检验	

任务 2.9　推板加工

推板零件如图 6-11 所示,共 1 件,材料为 45 钢,坯料尺寸 205mm×115mm×20mm。要求按照加工工艺完成零件制作,达到图样要求。

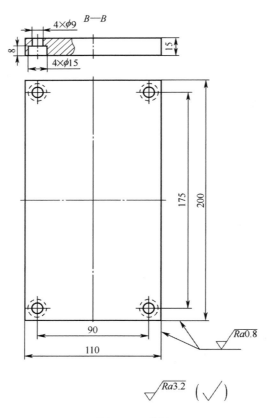

图 6-11　推板

推板加工工艺见表 6-10。

表 6-10　推板加工工艺

序号	工序名称	工序内容	加工设备
1	备料	按尺寸 205mm×115mm×20mm 下料	
2	热处理	调质 28～32HRC	
3	铣	铣六面成 200.5mm×110.5mm×15.5mm	普通铣床
4	平磨	磨上下面至尺寸，磨垂直基准面，保证两相邻基准侧面的垂直度≤0.02mm	平面磨床
5	钳	与推杆固定板配钻 4×φ9 孔，锪台阶孔，棱边倒钝	立式钻床
6	检验	按工序内容进行检验	

任务 2.10　垫块加工

垫块零件如图 6-12 所示，共 2 件，材料为 Q235 钢，坯料尺寸 205mm×55mm×38mm。要求按照加工工艺完成零件制作，达到图样要求。

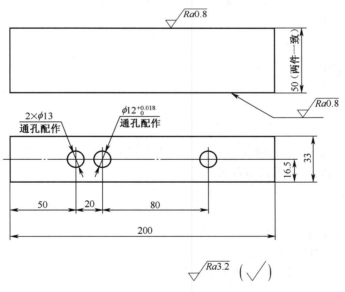

图 6-12　垫块

垫块加工工艺见表 6-11。

表 6-11　垫块加工工艺

序号	工序名称	工序内容	加工设备
1	备料	按尺寸 205mm×55mm×38mm 下料	
2	铣	铣六面成 200.5mm×50.5mm×33.5mm	普通铣床
3	平磨	磨上下面至尺寸，磨垂直基准面，保证两相邻基准侧面的垂直度≤0.02mm	平面磨床

序号	工序名称	工序内容	加工设备
4	钳	1）钻 2×ϕ13 孔； 2）棱边倒钝； 3）与动模座板、动模板、支承板配作 $\phi12_0^{+0.018}$ 销孔	立式钻床
5	检验	按工序内容进行检验	

注意事项：

（1）数控铣床加工时应选择合适的切削参数和刀具。

（2）数控铣床加工前应检查工件装夹方向与编程方向是否一致。

（3）注意各模板上的孔之间的配作关系，合理安排操作顺序。

（4）注意浇口套、导柱等零件装入模板后，需要进行配磨。

（5）操作各类机床时要遵守机床安全操作规程。

【归纳总结】

通过任务 2 的学习，学生熟悉了管支架注射模各零件的结构及制造过程，完成了零件加工，为模具装配做好准备。

任务 3 模具装配

【任务分析】

在模具零件加工完成后，根据装配图中零件之间的连接关系，按照装配工艺完成模具组件装配和总装配，达到注射模具装配要求。

【知识技能准备】

（1）具有注射模具零件装配工艺知识。

（2）具有钳工操作的基本技能。

（3）具有操作磨床等机床的知识与技能。

【任务实施】

装配管支架注射模具按如下顺序进行：

（1）精修动模型腔。用磨石修光型腔，控制型腔深度，磨削分型面。

（2）装配镶块。将镶块和动模板组装，装配后，型腔深度应符合图样要求。

（3）装配导柱、导套。将导柱、导套分别压入动模板和定模板。

（4）装配浇口套。用压力机将浇口套压入定模板。

（5）装配推出机构。将推杆、复位杆、推杆固定板和推板组装。

（6）总装。

1．动模装配

装配动模板6、支承板14、垫块2和动模座板1之前，已先完成镶块20，导柱7和动模板6的装配，并经检验合格。装配时，将动模板6、支承板14、垫块2和动模座板1按其工作位置合拢，找正并用平行夹头夹紧，以动模板6上的螺钉孔、推杆孔定位，在支承板14上钻出螺钉孔、推杆孔的锥窝，然后拆下动模板6，以锥窝为定位基准钻出螺钉孔、推杆孔并扩出沉头孔，最后用螺钉拧紧固定。

2．推出机构装配

推板3放在限位钉上，将推杆5、推杆19、拉料杆12、复位杆18等套装在推杆固定板4上，并穿过动模板6上的过孔，使推板3和推板固定板4重合，在推杆固定板4螺纹孔内涂上红丹粉，将螺钉孔位复印到推板3上，然后取下推杆固定板4，在推板3上钻孔，之后重新合拢并用螺钉固定。装配后，进行滑动配合检查，经调整使其滑动灵活，要求无卡滞现象。最后将推出机构放到最大极限位置，检查复位杆18和推杆5、推杆19的位置，要求复位杆18上端面平齐或低于动模板上平面0.02mm，推杆5、推杆19高于镶块20表面0.05～0.10mm。

3．定模装配步骤

先完成浇口套11、导套8和定模板13的装配，并经检验合格。将定位圈9装在定模板13上，配作定模板13上的螺钉孔，最后用螺钉拧紧固定。

4．动、定模试合模

注意事项：

（1）装配前应准备好所需工具，并对标准零件和加工的非标准零件等进行检查，合格后才能进行装配。

（2）所有零件在装配前应去除毛刺，表面涂上适量润滑油。装配时，各零件应做好记号，方便今后拆装。

（3）模具的组装、总装应在平整、洁净的平台上进行，尤其是精密部件的组装。

（4）过盈配合和过渡配合的零件应在压力机上进行装配，一次装配到位。需手工进行装配时，只能使用木质或铜质的榔头。

（5）垫块安装要注意方向，不能装反。

（6）注意安装时各孔之间的配作要求。

（7）紧固内六角螺钉时，应对角均匀拧紧。

【归纳总结】

通过任务3的学习，熟悉了管支架注射模的装配步骤及要求，完成了模具总装配，下一步可按照任务4中的步骤及要求完成模具试模任务。

任务4　试模及调试

【任务分析】

管支架注射模装配完成后，需进行试模，检查模具及制品质量是否合格，能否达到图纸要求。试模所用注射机型号为XS-ZY-125。

【知识技能准备】

（1）熟悉注塑机的操作过程。

（2）熟悉注射模试模中的常见问题及解决方法。

（3）熟悉模具在注射机上的安装步骤及注意事项。

（4）具备注射机操作的安全知识。

【任务实施】

一、试模

模具完成总装配，以确保操作人员的安全和设备、模具的完好无损为原则，经检查确认合格后，在选定的注射机上进行安装、固定，并对机床进行调整，确保试模工作的顺利进行。

（1）模具安装前的检查。

1）熟悉模具结构及其工作特点；熟悉注射机的主要技术参数。

2）检查模具的合模高度及最大外形尺寸是否符合所选定的机床的相应尺寸条件；检查模具上的吊环螺钉和模具上的相应螺孔是否完好无损，孔的位置是否能保证吊装的平稳和安全可靠。

3）检查定位环尺寸、浇口套主浇道入口孔等是否与机床的相关部位对正。

4）检查注射机上的推杆能否顺利通过移动模板上的推杆孔。

5）检查并核算模具的最大开模距离是否在机床模板的最大开模距离范围内。

6）检查模具导柱、导套的配合是否良好，有无卡滞或松动现象。

7）选择与机床模板上螺孔尺寸相同的螺钉，用以固定模具。

（2）模具安装过程。

1）开机。开动注射机，使移动模板、固定模板处于开启状态。

2）清理杂物。将机床和模具的安装面擦拭干净。

3）吊装模具。借助起吊装置将模具从机床上面吊入机架间，并调整好方位，然后将定模上的定位圈装入注射机固定模板上的定位孔内并放正，以极慢的速度合模。用移动模板将模具轻轻压紧，用压板或螺钉压紧定模，并初步固定动模。而后以慢速开合模具数次，找正动模，并保证模具开合过程中运动平稳、灵活、无卡滞现象，最后紧固动模。

4）用压板分别将定模、动模与注射机固定模板和移动模板连接。

（3）对安装好的模具进行调整，调整好合模、开模和顶出距离，并在空载情况下合模、开模来回活动几下，若未发现模具有异常或不灵活的现象，即可准备试射。

（4）开始试模时，应先选择低压、低温和较长时间条件下注射成型，然后再对注射压力、成型时间和温度进行调节。在试模过程中应注意对整个试模状态的控制，确定注射时的注射量、注射压力、锁模力的最佳值，并将成型工艺条件、操作要点和模具质量等情况进行详细登记。模具如需返修，应提出返修意见。

二、调试

试模时，若发现塑件存在缺陷或模具工作不正常，应按成型设备、成型条件、模具结构和模具制造装配精度等因素，对试模中出现的问题进行全面具体的分析，找出产生的原因并采取有效的措施，使试模能够获得合格的塑件。注射模试模中常见的问题及解决方法见表6-12。

表6-12　注射模试模中常见的问题及解决办法

常见的缺陷	产生原因	解决办法
注不满	1）机筒及喷嘴温度偏低； 2）模具温度偏低； 3）加料量不够； 4）剩料太多； 5）制件超过注射机最大注射量； 6）注射压力太低； 7）注射速度太慢或太快； 8）型腔无适当排气孔； 9）流道或浇口太小； 10）注射时间太短、柱塞或螺杆退回太早； 11）杂物堵塞机筒喷嘴	1）提高机筒及喷嘴温度； 2）提高模具温度； 3）适当增加下料量； 4）减少下料量； 5）选用注射量更大的注射机； 6）提高注射压力或适当提高温度； 7）合理控制注射速度； 8）模具开排气孔； 9）适当增加浇口尺寸； 10）增加注射时间及预塑时间； 11）清理喷嘴及更换喷嘴零件
制品飞边	1）注射压力太大； 2）模具闭合不紧或单向受力； 3）模型分型面落入异物； 4）机筒及模具温度太高； 5）制件投影面积超过注射机所允许的制件面积； 6）模板变形弯曲	1）适当减小注射压力； 2）提高合模力，调整合模装置； 3）清理模具； 4）降低机筒及模具温度； 5）改变制件造型或更换大型注射机； 6）检修模板或更换模板
气泡	1）原料含水分、溶剂或易挥发物； 2）材料温度太高或受热时间太长，已降解或分解； 3）注射压力太小； 4）注射时螺杆退回太早； 5）模具温度太低； 6）注射速度太快； 7）在机筒加料端混入空气	1）原料进行干燥处理； 2）降低成型温度或拆机换新料； 3）提高注射压力； 4）延长退回时间或增加预塑时间； 5）提高模温； 6）降低注射速度； 7）适当增加背压排气或对空注射
凹陷	1）流道、浇口太小； 2）制品太厚或薄厚悬殊太大； 3）浇口位置不适当； 4）注射及保压时间太短； 5）加料量不够； 6）机筒温度太高； 7）注射压力太小； 8）注射速度太慢	1）增加流道、浇口尺寸； 2）改进制件工艺设计使制件薄厚相差小； 3）浇口开设在制件的壁厚处，改进浇口位置； 4）延长注射及保压时间； 5）增加加料量； 6）降低机筒温度； 7）提高注射压力； 8）提高注射速度

常见的缺陷	产生原因	解决办法
熔接痕	1）塑料温度太低； 2）浇口太多； 3）脱模剂过量； 4）注射速度太慢； 5）模具温度太低； 6）注射压力太小； 7）模具排气不良	1）提高机筒、喷嘴及模具温度； 2）减少浇口或改变浇口位置； 3）采用雾化脱模剂，减少用量； 4）提高注射速度； 5）提高模温； 6）提高注射压力； 7）增加模具排气孔
制件表面波纹	1）机筒温度太低； 2）注射压力太小； 3）模具温度低； 4）注射速度太慢； 5）流道、浇口太小	1）提高机筒温度； 2）提高注射压力； 3）提高模温； 4）提高注射速度； 5）增大流道、浇口尺寸
黑点及条纹	1）塑料已分解； 2）塑料碎屑卡入注射柱塞和机筒之间； 3）喷嘴与模具主流道吻合不良，产生积料，并在每次注射时带人型腔； 4）模具无排气孔	1）降低机筒温度或换原料； 2）提高机筒温度； 3）检查喷嘴与模具注口，使之吻合良好； 4）增加模具排气孔
银纹、斑纹	1）塑料温度太高； 2）原材料含水量太大； 3）注射压力太低； 4）流道、浇口太小； 5）树脂中有低挥发物	1）降低模温； 2）原材料进行干燥处理； 3）提高注射压力； 4）增加流道、浇口尺寸； 5）原料进行干燥处理
制件变形	1）冷却时间不够； 2）模具温度太高； 3）制件厚薄悬殊； 4）推件杆位置不当，受力不均； 5）模具前后温度不均	1）延长冷却时间； 2）降低温度； 3）改进制件厚薄的工艺设计； 4）改变推件杆的位置，使制件受力均匀； 5）使模具两半的温度一致
裂纹	1）模具温度太低； 2）制件冷却时间太长； 3）制件顶出装置倾斜或不平衡； 4）推件杆截面积太小或数量不够； 5）嵌件未预热或温度不够； 6）制件斜度不够	1）提高模温； 2）减少冷却时间； 3）调整顶出装置的位置，使制件受力均匀； 4）增加推件杆的截面积或数量； 5）提高嵌件预热温度； 6）改进制件工艺设计，增加斜度
制件脱皮分层	1）不同的塑料混杂； 2）同一塑料不同牌号相混； 3）塑化不均； 4）混入异物	1）采用单一品种的塑料； 2）采用同牌号的塑料； 3）提高成型温度并使之均匀； 4）清理原材料，除去杂质

常见的缺陷	产生原因	解决办法
制件强度下降	1）塑料降解或分解； 2）成型温度太低； 3）熔接不良； 4）塑料回料太多； 5）塑料潮湿； 6）浇口位置不当如在受弯曲力处）； 7）塑料混入杂质； 8）制件设计不良，如有锐角、缺口； 9）围绕金属嵌件周围的塑料厚度不够； 10）模具温度太低	1）适当降低温度或清理机筒； 2）提高成型温度； 3）提高熔接缝的强度； 4）减少回料混入新料的比例； 5）原料进行干燥； 6）改变浇口位置； 7）原料过筛除去杂质和废物； 8）改进制件的工艺设计，避免锐角、缺口； 9）嵌件设置在壁厚处，改变嵌件位置； 10）提高模温
制件脱模困难	1）模具表面粗糙度值高； 2）模具斜度不够； 3）模具镶块处缝隙太大； 4）成型周期太短或太长； 5）模芯无进气孔； 6）模具温度不合适； 7）注射压力太高，注射时间太长； 8）模具表面有划伤或刻痕； 9）顶出装置结构不良	1）降低模具表面粗糙度值； 2）增加模具的脱模斜度； 3）减小模具镶块处缝隙； 4）调整成型周期； 5）缩短模具闭合时间或增加进气孔； 6）调整模温； 7）降低注射压力，缩短注射时间； 8）检修模具型腔； 9）改进顶出装置的结构
主流道粘模	1）主流道斜度不够； 2）主流道衬套弧度与喷嘴弧度不吻合； 3）喷嘴喷孔直径大于主流道直径； 4）主流道粗糙； 5）喷嘴温度太低； 6）主流道无冷料穴； 7）冷却时间太短，主流道尚未凝固	1）增加主流道的斜度； 2）使喷嘴和主流道的尺寸相同并对准； 3）减小喷嘴直径； 4）降低模具主流道表面粗糙度值； 5）提高喷嘴温度； 6）增加模具的冷料穴； 7）延长冷却时间
冷块	1）温度太低，塑化不均； 2）混入杂质或采用同牌号、不同种类物料； 3）喷嘴温度太低； 4）无主流道或分流道冷料穴； 5）制件重量和注射机最大注射量接近，而成型时间太短	1）提高温度并使物料塑化均匀； 2）除去杂质并采用同种类、同牌号的物料； 3）提高喷嘴温度； 4）设置模具冷料穴； 5）采用大型注射机或延长成型周期
制件尺寸不稳定	1）注射机液压系统或电器系统不稳定； 2）成型周期不一致； 3）浇口太小或不均； 4）模具定位杆弯曲或磨损； 5）加料量不均； 6）制件冷却时间太短； 7）温度、压力、时间变更； 8）塑料颗粒大小不均； 9）回料与新料混合比例不均	1）检查液压和电器系统的稳定性； 2）使成型周期均匀一致； 3）加大浇口尺寸； 4）检查模具定位杆； 5）使每个周期的进料保持不变； 6）延长制件冷却时间； 7）稳定成型工艺条件； 8）采用颗粒均匀的原料； 9）调整回料与新料的比例

续表

常见的缺陷	产生原因	解决办法
真空泡	1）模具温度太低； 2）制品壁厚薄过分悬殊； 3）注射时间太短	1）提高模温； 2）改进制件工艺设计，使之厚薄均匀； 3）延长注射时间

注意事项：

（1）模具安装到注塑机上后要牢固可靠。

（2）应遵守机器的安全操作规程，确保操作安全。

（3）合模后，分型面之间不得有间隙。

（4）开模后顶出机构应保证顺利脱模，以便取出塑件及浇注系统凝料。

【归纳总结】

通过任务 4 的学习，完成了管支架注射模的试模及调试。至此，已完整地学习了管支架注射模的制造。

项目七

制造榨汁机刀架注射模

【学习目标】

(1) 学习、巩固注射模的理论知识。

(2) 掌握注射模零件的加工工艺及加工方法。

(3) 掌握注射模装配方法。

(4) 进一步熟悉机械加工设备、模具加工专用设备，巩固及提高操作技能。

任务 1　模具制造前的准备

【识读模具装配图】

榨汁机刀架注射模图样如图 7-1 所示，塑件如图 7-2 所示。通过阅读模具装配图，要求学生熟悉模具结构、零件功能、装配关系及技术要求，了解模具工作过程。

榨汁机刀架注射模由动、定模两部分组成，有两处侧向抽芯机构。注射成型时，先将嵌件（刀片 1）放入模具内部，合模后，高温料流经由倾斜浇口套等组成的浇注系统充满型腔，经保压、冷却而固化成型。开模时，斜导柱 14、42 驱动滑块Ⅰ12、滑块Ⅱ43 及型芯Ⅲ44 完成侧向抽芯动作。推出时，推杆Ⅲ34 推动型芯Ⅲ44 绕销 41 向上翻转一定角度，由推杆Ⅰ9、推杆Ⅱ10、拉料杆 8 组成的推出机构将塑件及浇注系统凝料推出。该模具结构为一模一腔。

定模部分主要有由定位圈 17、浇口套 16、定模座板 20、定模板 22、型芯Ⅰ18、导套Ⅰ21 及斜导柱 14、42 组成，定模板 22 带有锁紧斜面，型芯Ⅰ18 和斜导柱 14、42 均采用挂台的方式固定在定模板 22 上，定模板 22 与定模座板 20 之间采用螺钉 13 连接。

动模部分主要由动模板 23、动模垫板 26、动模座板 33、滑块 12、43、型芯Ⅱ19、型芯Ⅲ44、推板 6、推杆固定板 7、垫块 27、导柱 24、推出机构及其导向装置（导套 31 及支撑柱 32）组成。动模座板 33、垫块 27、动模垫板 26、动模板 23 采用螺钉 5 连接。滑块Ⅰ12 的导向装置（压板 4）用螺钉 3 和销 25 与动模板 23 连接。型芯Ⅲ44 与滑块Ⅱ43 之间采用销 47 连接。型芯Ⅱ19 采用挂台结构固定在推杆固定板 7 上。推出机构为弹簧先复位机构。

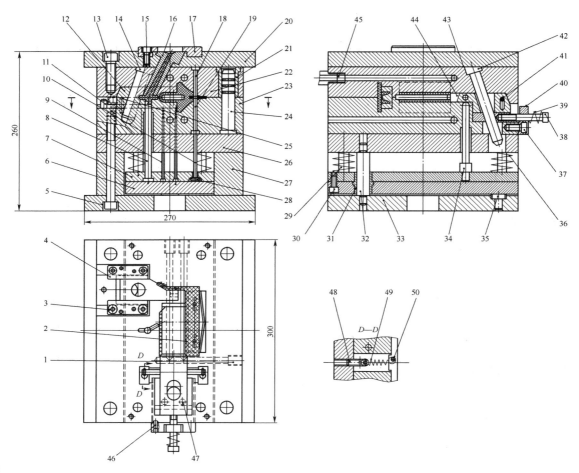

1-刀片 2-堵塞 3-螺钉 4-压板 5-螺钉 6-推板 7-推杆固定板 8-拉料杆 9-推杆Ⅰ 10-推杆Ⅱ
11-销 12-滑块Ⅰ 13-螺钉 14-斜导柱Ⅰ 15-螺钉 16-浇口套 17-定位圈 18-型芯Ⅰ 19-型芯Ⅱ
20-定模座板 21-导套Ⅰ 22-定模板 23-动模板 24-导柱 25-销 26-动模垫板 27-垫块 28-销
29-复位杆 30-螺钉 31-导套Ⅱ 32-支撑柱 33-动模座板 34-推杆Ⅲ 35-支撑钉 36-弹簧 37-螺钉
38-螺钉 39-弹簧 40-限位挡板 41-销 42-斜导柱Ⅱ 43-滑块Ⅱ 44-型芯Ⅲ 45-水嘴 46-销 47-销
48-螺柱 49-弹簧 50-芯柱

图 7-1　榨汁机刀架注射模装配图

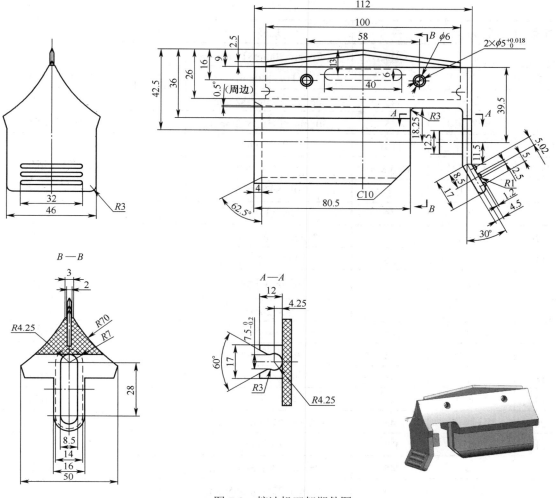

图 7-2 榨汁机刀架塑件图

【知识技能准备】

需具备注射模的专业理论知识和模具零件加工等相关知识与技能。内容可参阅相关教材、专业书籍和手册等。

【模具材料准备】

榨汁机刀架注射模下料单见表 7-1。

表 7-1 榨汁机刀架注射模下料单

序号	零件名称	材料	规格	数量	备注
1	刀片	2Cr13		1	自备
2	堵塞	H62	$\phi 10 \times 100$ mm	2	
3	螺钉		M8×15mm	4	GB/T70.1－2008

序号	零件名称	材料	规格	数量	备注
4	压板	45	70mm×30mm×17mm	2	调质 28～32HRC
5	螺钉		M14×140mm	4	GB/T70.1－2008
6	推板	45	305mm×145mm×25mm	1	调质 28～32HRC
7	推杆固定板	45	305mm×145mm×20mm	1	调质 28～32HRC
8	拉料杆	T10A	$\phi20×136$ mm	1	淬火 50～55HRC
9	推杆 I	CrWMn	$\phi2.5×114$ mm	2	GB4169.1－2006
10	推杆 II	T8A	$\phi10×150$ mm	4	淬火 50～55HRC
11	销	35	$\phi10×30$ mm	1	GB119.1－2000
12	滑块 I	45	105mm×52mm×40mm	1	调质 28～32HRC
13	螺钉	35	M14×40mm	4	GB/T70.1－2008
14	斜导柱 I	45	$\phi30×105$ mm	1	调质 28～32HRC
15	螺钉		M8×20mm	3	GB/T70.1－2008
16	浇口套	45	$\phi45×105$ mm	1	淬火 40～45HRC
17	定位圈	45	$\phi105×21$ mm	1	调质 28～32HRC
18	型芯 I	45	$\phi12×64$ mm	1	淬火 40～45HRC
19	型芯 II	45	$\phi12×76$ mm	1	淬火 40～45HRC
20	定模座板	45	305mm×275mm×30mm	1	调质 28～32HRC
21	导套 I	T8A	$\phi40×55$ mm	4	GB4169.3－2006
22	定模板	45	305×mm235mm×65mm	1	调质 28～32HRC
23	动模板	45	305mm×235mm×65mm	1	调质 28～32HRC
24	导柱	T8A	$\phi30×115$ mm	4	GB4169.4－2006
25	销	35	$\phi6×30$ mm	4	GB119.1－2000
26	动模垫板	45	305mm×235mm×35mm	1	调质 28～32HRC
27	垫块	Q235	305mm×48mm×75mm	1	
28	销	35	$\phi2×13$ mm	4	GB119.1－2000
29	复位杆	T8A	$\phi25×142$ mm	4	调质 28～32HRC
30	螺钉		M8×20mm	4	GB/T70.1－2008
31	导套 II	T8A	$\phi37×40$ mm	4	GB4169.3－2006
32	支撑柱	T8A	$\phi25×105$ mm	4	调质 28～32HRC
33	动模座板	45	305mm×275mm×30mm	1	调质 28～32HRC
34	推杆 III	T8A	$\phi20×135$ mm	1	淬火 50～55HRC
35	支撑钉		$\phi12$	4	GB4169.9－84

序号	零件名称	材料	规格	数量	备注
36	弹簧		TH35×17.5mm×65mm	4	
37	螺钉		M10×20mm	2	GB/T70.1－2008
38	螺钉		M10×70mm	1	GB/T70.1－2008
39	弹簧		TH25×12.5mm×50mm	1	
40	限位挡板	45	75mm×50mm×21mm	1	调质 28～32HRC
41	销	35	$\phi6×60$ mm	1	GB119.1－2000
42	斜导柱Ⅱ	45	$\phi30×155$ mm	1	调质 28～32HRC
43	滑块Ⅱ	45	71mm×65mm×52mm	1	调质 28～32HRC
44	型芯Ⅲ	45	190mm×48mm×37mm	1	调质 28～32HRC
45	水嘴		BM16×1.5mm×50mm×24mm	4	TOC－00019
46	销	35	$\phi6×25$ mm	2	GB119.1－2000
47	销	35	$\phi15×45$ mm	1	GB119.1－2000
48	螺柱	45	$\phi15×35$ mm	2	
49	弹簧		TH10×5mm×60mm	2	
50	芯柱	45	$\phi13×115$ mm	1	调质 28～32HRC

【归纳总结】

通过任务 1 的学习，学生熟悉了榨汁机刀架注射模具结构，完成毛坯下料及标准件采购，做好了模具零件加工前的准备工作。

任务 2 模具零件加工

【任务分析】

榨汁机刀架注射模需要加工的主要零件有定模座板、定模板、动模板、动模垫板、滑块、动模座板、型芯、推杆固定板、推板、垫块及推杆等，要求按照零件加工工艺完成各零件的制作，达到图样要求。

【知识技能准备】

（1）具有注射模零件加工的工艺知识。
（2）具有钳工的基本操作技能，会划线、钻孔、铰孔、攻螺纹等钳工操作。
（3）具有操作线切割机床的知识与技能。
（4）具有操作车床、铣床、磨床、数控铣床等机械加工设备的知识与技能。

【任务实施】

任务 2.1　定模座板加工

定模座板零件如图 7-3 所示，共 1 件，材料为 45 钢，坯料尺寸 305mm×275mm×30mm。要求按照加工工艺完成零件制作，达到图样要求。

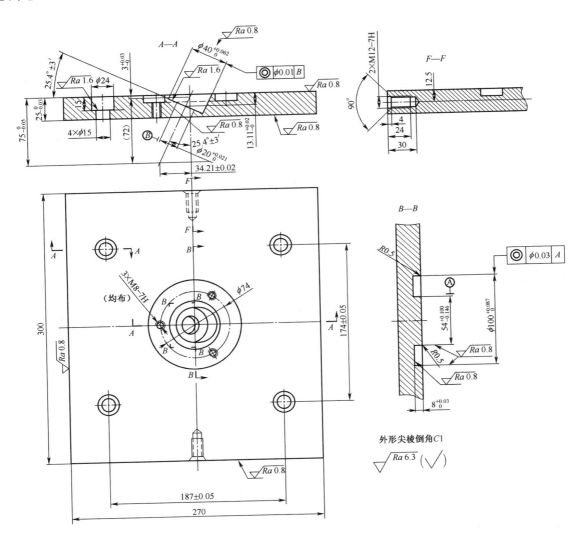

定模座板
数量：1 件号：20
材料：45 比例：1:2

图 7-3　定模座板

定模座板加工工艺见表 7-2。

表7-2　定模座板加工工艺

序号	工序名称	工序内容	加工设备
1	备料	按尺寸 305mm×275mm×30mm 下料	
2	铣	铣六面成 300mm×270mm×25mm，均留 2～3mm	普通铣床
3	热处理	调质 28～32HRC	
4	铣	铣六面成 300mm×270mm×25mm，25mm 留 0.4～0.5mm	普通铣床
5	平磨	磨 25mm 至尺寸，磨垂直基准面，保证两相邻基准侧面的垂直度 ≤0.02mm	平面磨床
6	坐标镗	与定模板叠合，按基准面找正，镗 25.4° 斜孔φ20H7，锪台阶孔	坐标镗床
7	数铣	1）铣$\phi100^{+0.087}_{0}$ 环形槽，深度 $8^{+0.03}_{0}$ mm； 2）钻 3×M8 螺钉底孔，钻两侧面 2×M12 螺钉底孔，钻 4×φ15 螺钉过孔，锪 4×φ24 沉孔； 3）外缘尖棱倒角 C1	数控铣床
8	钳	攻螺纹，清理，去毛刺	
9	检验	按工序内容进行检验	

任务 2.2　定模板加工

定模板零件如图 7-4 所示，共 1 件，材料为 45 钢，坯料尺寸 305×235×65mm。要求按照加工工艺完成零件制作，达到图样要求。

定模板加工工艺见表 7-3。

表7-3　定模板加工工艺

序号	工序名称	工序内容	加工设备
1	备料	按尺寸 305mm×235mm×65mm 下料	
2	铣	铣六面成 300mm×230mm×60mm，均留 2～3mm	普通铣床
3	热处理	调质 28～32HRC	
4	铣	铣六面成 300mm×230mm×60mm，铣 10mm 凸台，均留 0.4～0.5mm	普通铣床
5	平磨	磨两大面及厚度 60mm 达图样要求，磨垂直基准面，互相垂直，保证两相邻基准侧面的垂直度≤0.02mm	平面磨床
6	坐标镗	1）与定模座板叠合，按基准面找正，镗 25.4° 斜孔φ20H7； 2）镗 2 处 18° 斜孔φ20H7，锪沉孔； 3）镗 $4×\phi30^{+0.021}_{0}$ 导套孔，锪沉孔； 4）钻、铰 2 处型芯 I 安装孔，锪沉孔	坐标镗床
7	数铣	1）找正，粗、精铣型腔、浇道（成型面外形以软件分模为准），周边留抛光余量 0.01～0.02mm； 2）铣 2 处滑块槽及 20°±3'、宽 58mm 锁紧型面； 3）钻与定模座板连接的螺钉底孔	数控铣床

续表

序号	工序名称	工序内容	加工设备
8	电火花	1）电打成型清角（电极按型腔形状尺寸加工，留放电量）； 2）电打滑块让位槽、方形槽及锁紧面让位槽清角（做清角电极）	电火花成型机
9	数铣	钻侧面冷却水孔 3×ϕ10，钻 3×M16×1.5mm 底孔	卧式数控铣床
10	钳	1）型腔抛光； 2）攻 3×M16×1.5mm、4×M14 螺纹	
11	检验	按工序内容进行检验	

任务 2.3 动模板加工

动模板零件如图 7-5 所示，共 1 件，材料为 45 钢，坯料尺寸 305mm×235mm×65mm。要求按照加工工艺完成零件制作，达到图样要求。

动模板加工工艺见表 7-4。

表 7-4 动模板加工工艺

序号	工序名称	工序内容	加工设备
1	备料	按尺寸 305mm×235mm×65mm 下料	
2	铣	铣六面成 300mm×230mm×60mm，均留 2～3mm	普通铣床
3	热处理	调质 28～32HRC	
4	铣	铣六面成 300mm×230mm×60mm，60mm 留 0.4～0.5mm	普通铣床
5	平磨	磨两大面及厚度 60mm 达图样要求，磨垂直基准面，互相垂直，保证两相邻基准侧面的垂直度≤0.02mm	平面磨床
6	数铣	1）找正，粗、精铣型腔、浇道（成型面外形以软件分模为准），周边留抛光余量 0.05mm； 2）铣 2 处滑块槽及 2 处长条形让位孔，铣 T 形槽； 3）钻线切割切 2 处方孔的穿丝孔，镗导柱孔、复位杆孔、顶杆孔、拉料杆孔，钻导板安装螺丝底孔，钻、铰 $\phi10^{+0.015}_{0}$ 孔； 4）锪背面沉孔、钻螺纹底孔	数控铣床
7	线切割	切 2 处方孔达图	电火花线切割机床
8	电火花	1）电打成型清角（电极按型腔形状尺寸加工，留放电量）； 2）电打滑块及 T 形槽清角（做清角电极）	电火花成型机
9	数铣	1）钻侧面冷却水孔及口部 3×M16×1.5mm 底孔； 2）钻侧面 2×M10 螺丝底孔	卧式数控铣床
10	钳	1）攻 3×M16×1.5mm、4×M14、2×M10 螺纹； 2）配作压板销孔； 3）配作限位挡板销孔； 4）型腔抛光	立式钻床
11	检验	按工序内容进行检验	

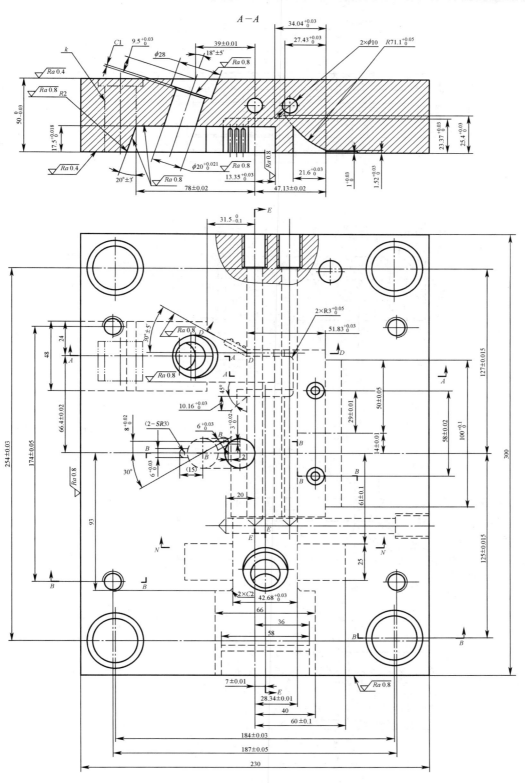

图 7-4　定模板

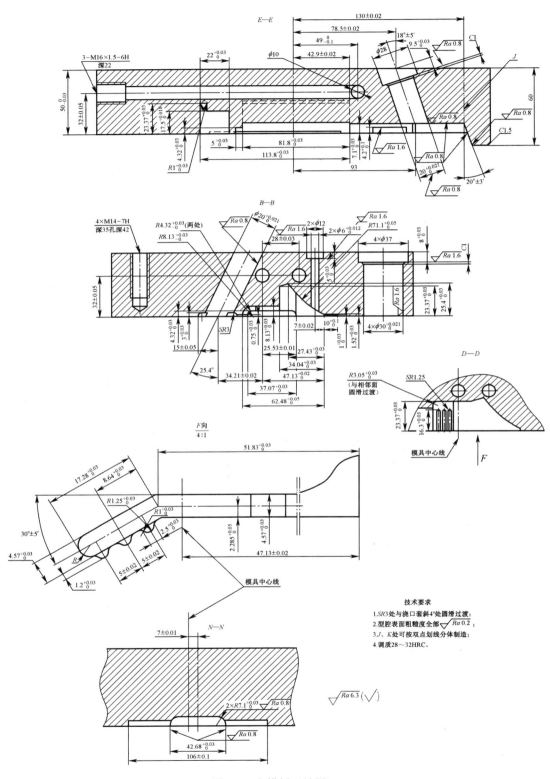

图 7-4　定模板（续图）

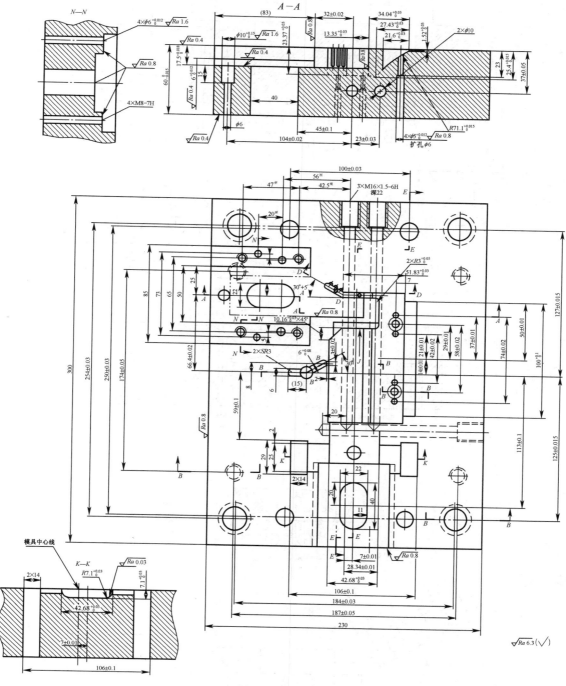

图 7-5　动模板

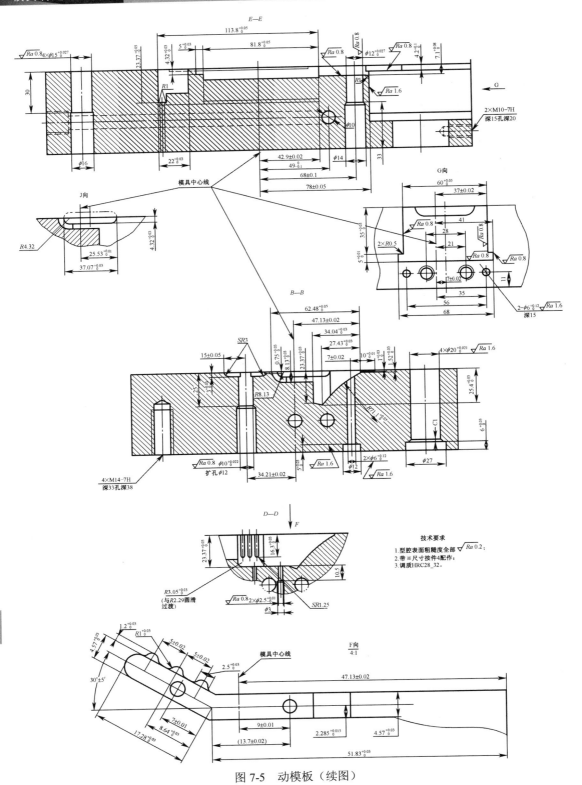

图 7-5　动模板（续图）

任务 2.4　滑块 I 加工

滑块 I 零件如图 7-6 所示，共 1 件，材料为 45 钢，坯料尺寸 105mm×52mm×40mm。要求按照加工工艺完成零件制作，达到图样要求。

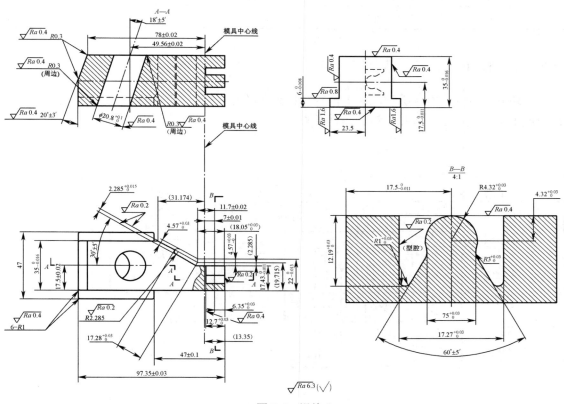

图 7-6　滑块 I

滑块 I 加工工艺见表 7-5。

表 7-5　滑块 I 加工工艺

序号	工序名称	工序内容	加工设备
1	备料	按尺寸 105mm×52mm×40mm 下料	
2	铣	1）铣六面成 97.35mm×47mm×35mm，均留 2～3mm； 2）粗铣成型形状，均留 2～3mm	普通铣床
3	热处理	调质 28～32HRC	
4	铣	1）铣六面成 97.35mm×47mm×35mm，47mm 达图样要求，其余留余量 0.4～0.5mm； 2）铣挂台 6mm、35mm，铣 17.43mm 处留余量 0.4～0.5mm	普通铣床
5	平磨	磨 97.35mm×35mm 达图样要求、磨挂台 6mm×35mm 达图样要求	平面磨床
6	数铣	1）找正，作 18° 斜孔达图样要求； 2）铣滑块前端成型形状，留抛光量 0.02mm	卧式数控铣床

序号	工序名称	工序内容	加工设备
7	电脉冲	电打 $R1$、$60°$ 成型处	电火花成型机
8	钳	抛光成型处	
9	检验	按工序内容进行检验	

任务 2.5　滑块 II 加工

滑块 II 零件如图 7-7 所示，共 1 件，材料为 45 钢，坯料尺寸 65mm×71mm×52mm。要求按照加工工艺完成零件制作，达到图样要求。

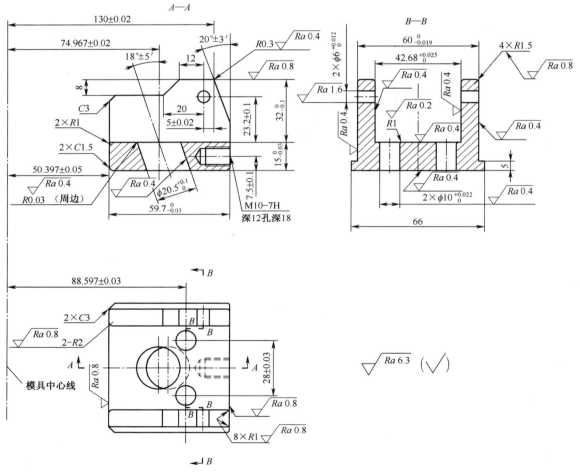

图 7-7　滑块 II

滑块 II 加工工艺见表 7-6。

表 7-6　滑块 II 加工工艺

序号	工序名称	工序内容	加工设备
1	备料	按尺寸 65mm×71mm×52mm 下料	
2	铣	1）铣六面成 59.7mm×66mm×47mm，均留 2～3mm； 2）粗铣 42.68mm×32mm，均留 2～3mm	普通铣床
3	热处理	调质 28～32HRC	
4	铣	铣六面成 59.7mm×66mm×47mm 及挂台 5mm×60mm，66mm 达图样要求，其余均留 0.4～0.5mm	普通铣床
5	平磨	磨 59.7mm×47mm、挂台 5mm×60mm，均达图样要求	平面磨床
6	数铣	1）铣 42.68mm×32mm 达图样要求； 2）铣 A-A 视图 20°、12mm、25（20+5）mm； 3）镗 18°斜孔，钻、铰 $2×\phi6^{+0.012}_{0}$，与型芯 III 配作 $2×\phi10^{+0.022}_{0}$ 孔，钻 M10 螺纹底孔	卧式数控铣床
7	钳	倒角、攻螺纹、去毛刺、修配	
8	检验	按工序内容进行检验	

任务 2.6　浇口套加工

浇口套零件如图 7-8 所示，共 1 件，材料为 45 钢，坯料尺寸 $\phi45×105$mm。要求按照加工工艺完成零件制作，达到图样要求。

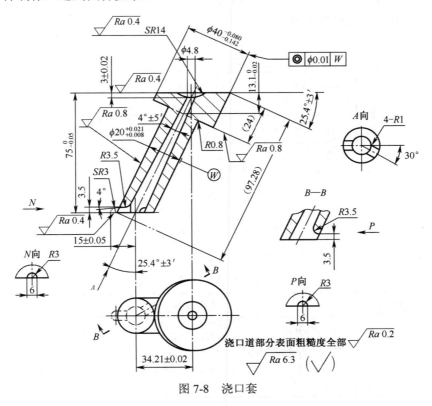

图 7-8　浇口套

浇口套加工工艺见表 7-7。

表 7-7　浇口套加工工艺

序号	工序名称	工序内容	加工设备
1	备料	棒料，$\phi45\times105$mm	
2	车	1）车外圆 $\phi40_{-0.142}^{-0.080}$、$\phi20_{-0.008}^{-0.021}$，均留余量 0.7～0.8mm； 2）精车主浇道锥孔并抛光（小端按 $\phi4$ 车通）	普通车床
3	圆磨	磨削 $\phi40_{-0.142}^{-0.080}$、$\phi20_{-0.008}^{-0.021}$，均留余量 0.3～0.4mm	外圆磨床
4	数铣	1）铣两端平面，保证 $75_{-0.05}^{0}$ mm、$13.1_{-0.02}^{0}$ mm； 2）铣 $SR14$、$SR3$ 流道，倒 $R3.5$ 圆角	卧式数控铣床
5	钳	抛光 $SR14$、$SR3$ 流道	
6	热处理	淬硬 40～45HRC	淬火炉
7	圆磨	磨削 $\phi40_{-0.142}^{-0.080}$、$\phi20_{-0.008}^{-0.021}$，均达图样要求	外圆磨床
8	平磨	压入定模座板，配磨下端面	平面磨床
9	检验	按工序内容进行检验	

任务 2.7　型芯 I 加工

型芯 I 零件如图 7-9 所示，共 1 件，材料为 45 钢，坯料尺寸 $\phi12\times64$mm。要求按照加工工艺完成零件制作，达到图样要求。

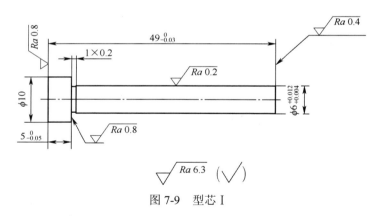

图 7-9　型芯 I

型芯 I 加工工艺见表 7-8。

表 7-8　型芯 I 加工工艺

序号	工序名称	工序内容	加工设备
1	备料	棒料，$\phi12\times64$mm	
2	车	1）车加长，在两端中心作 A 型中心孔； 2）车其余各尺寸，尺寸 5mm、49mm、$\phi6$mm 均留 0.4～0.5mm 磨量，其余达图样要求	普通车床

续表

序号	工序名称	工序内容	加工设备
3	热处理	淬火 40～45HRC，校平	淬火炉
4	车	研中心孔	普通车床
5	圆磨	磨 $\phi6^{+0.012}_{+0.004}$ 达图样要求，靠磨 $5^{0}_{-0.05}$ mm 台阶右端面	外圆磨床
6	平磨	磨尺寸 $49^{0}_{-0.03}$ mm 达图样要求，并保证尺寸 $5^{0}_{-0.05}$ mm	平面磨床
7	检验	按工序内容进行检验	

任务 2.8　型芯Ⅱ加工

型芯Ⅱ零件如图 7-10 所示，共 1 件，材料为 45 钢，坯料尺寸 $\phi12\times76$mm。要求按照加工工艺完成零件制作，达到图样要求。

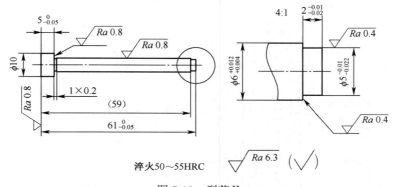

淬火50～55HRC

图 7-10　型芯Ⅱ

型芯Ⅱ加工工艺见表 7-9。

表 7-9　型芯Ⅱ加工工艺

序号	工序名称	工序内容	加工设备
1	备料	棒料，$\phi12\times76$mm	
2	车	1）车加长，在两端中心作 A 形中心孔； 2）车其余各尺寸，尺寸 5mm、61mm、2mm、$\phi6$、$\phi5$ 均留 0.4～0.5mm 余量，其余达图样要求	普通车床
3	热处理	淬火 40～45HRC，校平	淬火炉
4	车	研中心孔	普通车床
5	圆磨	磨 $\phi6^{+0.012}_{+0.004}$、$\phi5^{-0.01}_{-0.022}$ 达图样要求，靠磨 $5^{0}_{-0.05}$ mm、$2^{-0.01}_{-0.02}$ mm 端面，保证尺寸 54（59-5）mm	外圆磨床
6	平磨	磨尺寸 $61^{0}_{-0.05}$ mm 达图样要求，并保证尺寸 $5^{0}_{-0.05}$ mm、$2^{-0.01}_{-0.02}$ mm、59mm	平面磨床
7	检验	按工序内容进行检验	

任务 2.9 型芯Ⅲ加工

型芯Ⅲ零件如图 7-11 所示，共 1 件，材料为 45 钢，坯料尺寸 190mm×48mm×37mm。要求按照加工工艺完成零件制作，达到图样要求。

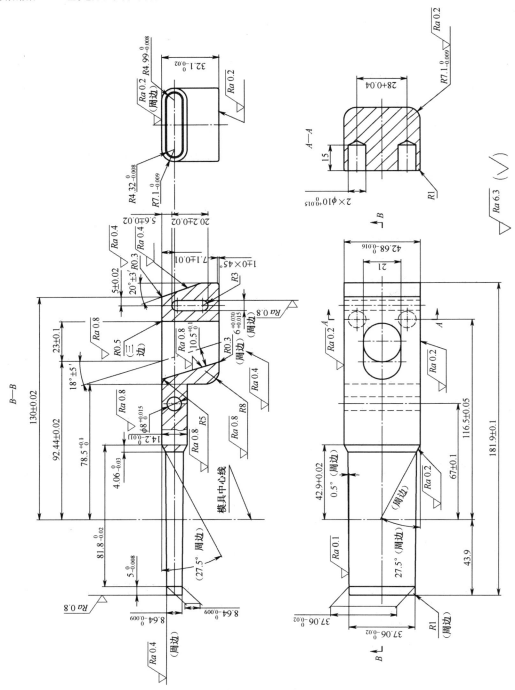

图 7-11 型芯Ⅲ

项目七

型芯Ⅲ加工工艺见表 7-10。

表 7-10　型芯Ⅲ加工工艺

序号	工序名称	工序内容	加工设备
1	备料	按尺寸 190mm×48mm×37mm 下料	
2	铣	粗铣六面成 181.9mm×42.68mm×32.1mm，粗铣 *B-B* 视图外形，均留 2～3mm	普通铣床
3	热处理	调质 28～32HRC	
4	铣	铣六面成 181.9mm×42.68mm×32.1mm，均留 0.4～0.5mm	普通铣床
5	平磨	磨 181.9mm×42.68mm×32.1mm 达图样要求	平面磨床
6	数铣	1）铣外型及中央斜孔； 2）作 $\phi8$ 孔、6mm×20mm U 形孔、$2×\phi10$ 孔	卧式数控铣床
7	钳	抛光、修配	
8	检验	按工序内容进行检验	

任务 2.10　限位挡板加工

限位挡板零件如图 7-12 所示，共 1 件，材料为 45 钢，坯料尺寸 75mm×50mm×21mm。要求按照加工工艺完成零件制作，达到图样要求。

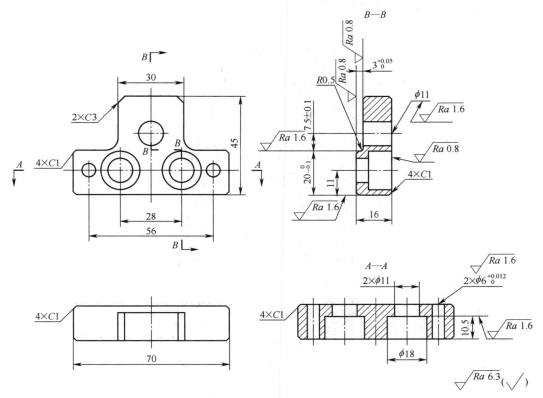

图 7-12　限位挡板

限位挡板加工工艺见表 7-11。

表 7-11　限位挡板加工工艺

序号	工序名称	工序内容	加工设备
1	备料	按尺寸 75mm×50mm×21mm 下料	
2	铣	铣六面成 70mm×45mm×16mm，均留 2～3mm	普通铣床
3	热处理	调质 28～32HRC	
4	铣	1）铣六面成 70mm×45mm×16mm，16mm 留 0.4～0.5mm，其余达图样要求； 2）铣长 25mm、深 $3^{+0.05}_{0}$ mm 台阶达图样要求	普通铣床
5	平磨	磨尺寸 16mm、3mm 达图样要求	平面磨床
6	钳	1）倒棱； 2）与动模板配钻 2×ϕ11 螺纹过孔，扩沉头孔； 3）与动模板配钻、铰 2×$\phi 6^{+0.012}_{0}$ 销孔	立式钻床
7	检验	按工序内容检验	

任务 2.11　压板加工

压板零件如图 7-13 所示，共 2 件，材料为 45 钢，坯料尺寸 70mm×30mm×17mm。要求按照加工工艺完成零件制作，达到图样要求。

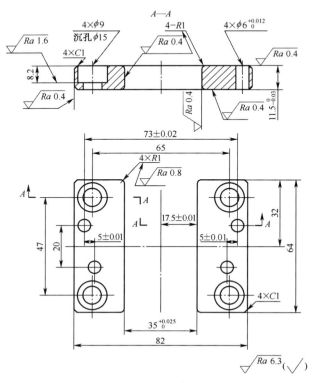

图 7-13　压板

压板加工工艺见表 7-12。

表 7-12 压板加工工艺

序号	工序名称	工序内容	加工设备
1	备料	按尺寸 70mm×30mm×17mm 下料，退火，两件	
2	热处理	调质 28～32HRC	
3	铣	铣六面成 64mm×23.5[(82-35)/2]mm×11.5mm，23.5mm、11.5mm 均留 0.4～0.5mm，其余达图样要求	普通铣床
4	平磨	磨 23.5mm×11.5mm 达图样要求	平面磨床
5	钳	1）外形倒角； 2）与动模板配作 4×ϕ9 过孔，锪 4×ϕ15 沉孔； 3）与动模板配钻、铰 4×$\phi6^{+0.012}_{0}$ 销孔	立式钻床
6	检验	按工序内容进行检验	

任务 2.12　动模垫板加工

动模垫板零件如图 7-14 所示，共 1 件，材料为 45 钢，坯料尺寸 305mm×235mm×35mm。要求按照加工工艺完成零件制作，达到图样要求。

动模垫板加工工艺见表 7-13。

表 7-13 动模垫板加工工艺

序号	工序名称	工序内容	加工设备
1	备料	按尺寸 305mm×235mm×35mm 下料	
2	铣	铣六面成 300mm×230mm×30mm，均留 2～3mm	普通铣床
3	热处理	调质 28～32HRC	
4	铣	铣六面成 300mm×230mm×30mm，30mm 留 0.4～0.5mm，其余达图样要求	普通铣床
5	平磨	磨两大面及厚度 30mm 达图样要求，磨垂直基准面，互相垂直，保证两相邻基准侧面的垂直度≤0.02mm	平面磨床
6	数控铣	1）铣斜导柱让位孔，钻铰推杆过孔、复位杆及拉料杆过孔，锪背面ϕ20 沉台孔； 2）钻 2×M10 螺纹底孔； 3）钻、铰 4×$\phi12^{+0.018}_{0}$ 支撑柱安装孔	数控铣床
7	钳	棱边倒钝，攻 2×M10 螺纹	
8	检验	按工序内容进行检验	

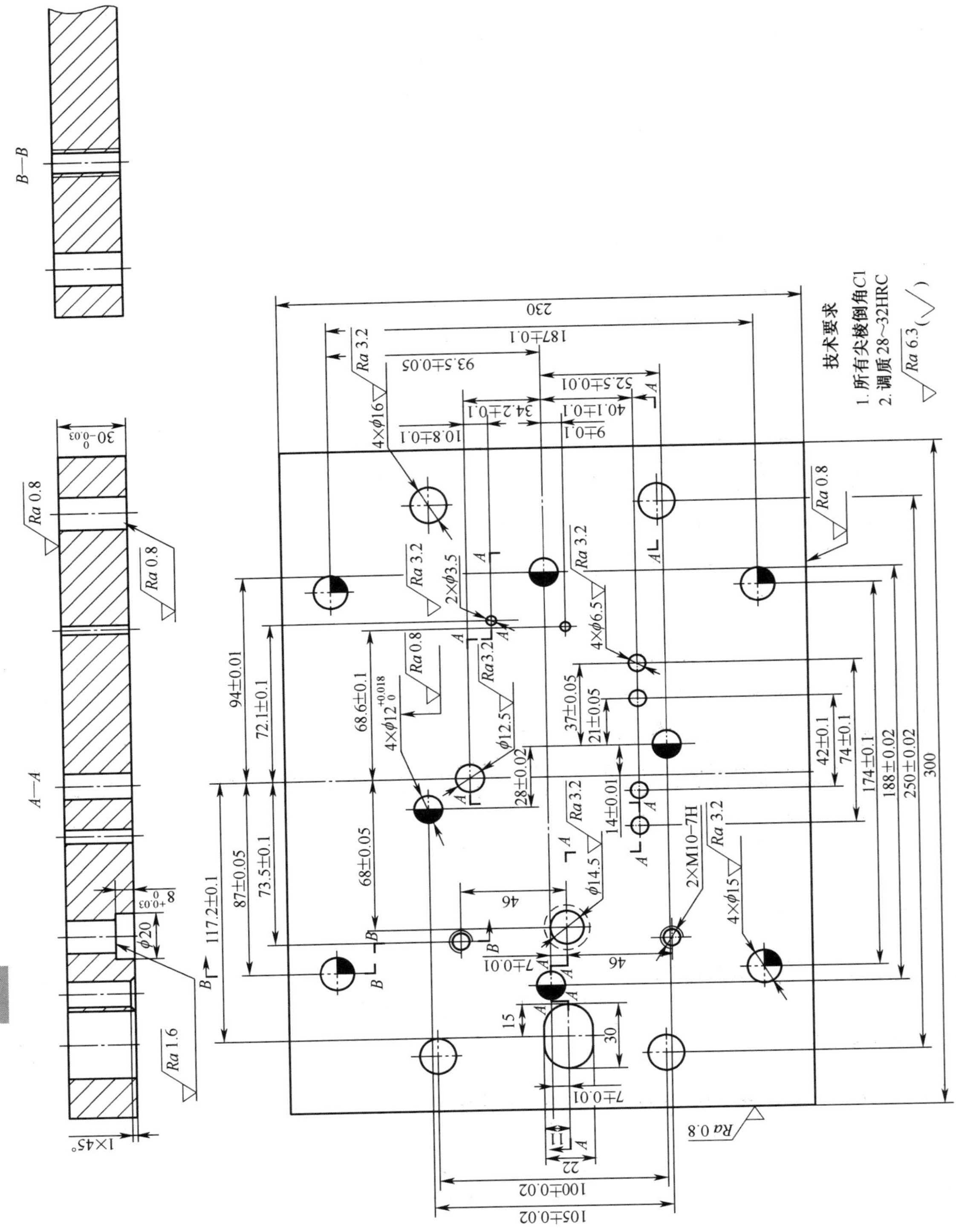

图 7-14 动模垫板

项目七

任务 2.13　推杆固定板加工

推杆固定板零件如图 7-15 所示，共 1 件，材料为 45 钢，坯料尺寸 305mm×145mm×20mm。要求按照加工工艺完成零件制作，达到图样要求。

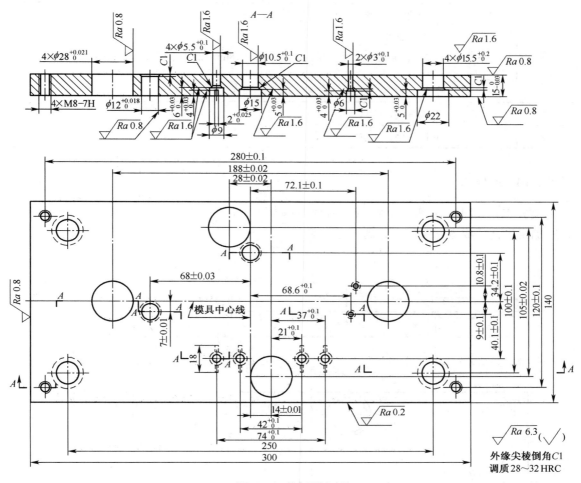

图 7-15　推杆固定板

推杆固定板加工工艺见表 7-14。

表 7-14　推杆固定板加工工艺

序号	工序名称	工序内容	加工设备
1	备料	按尺寸 305mm×145mm×20mm 下料	
2	铣	铣六面成 300mm×140mm×15mm，均留 2～3mm	普通铣床
3	热处理	调质 28～32HRC	
4	铣	铣六面成 300mm×140mm×15mm，15mm 留 0.4～0.5mm，其余达图样要求	普通铣床

续表

序号	工序名称	工序内容	加工设备
5	平磨	磨两大面及厚度 15mm 达图样要求，磨垂直基准面，互相垂直，保证两相邻基准侧面的垂直度≤0.02mm	平面磨床
6	数铣	1）镗 $4\times\phi28^{+0.021}_{0}$、$\phi12^{+0.018}_{0}$、$4\times\phi5.5^{+0.1}_{0}$、$\phi10.5^{+0.1}_{0}$、$2\times\phi3^{+0.1}_{0}$、$4\times\phi15.5^{+0.2}_{0}$ 孔； 2）背面锪沉孔保证深度，作防转槽 18mm×2mm，钻 4×M8 螺丝底孔； 3）所有尖棱倒角 C1	数控铣床
7	钳	攻螺纹，清理	
8	检验	按工序内容进行检验	

任务 2.14 推板加工

推板零件如图 7-16 所示，共 1 件，材料为 45 钢，坯料尺寸 305mm×145mm×25mm。要求按照加工工艺完成零件制作，达到图样要求。

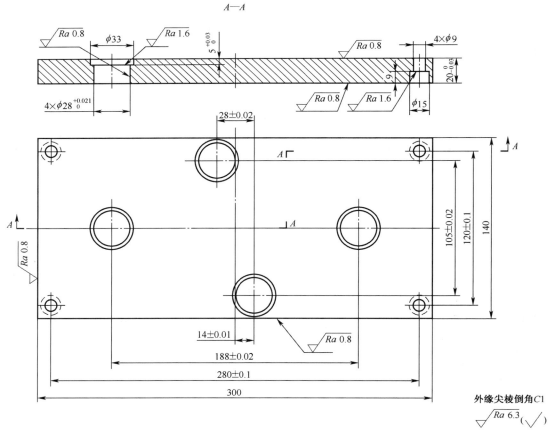

图 7-16 推板

推板加工工艺见表 7-15。

表 7-15　推板加工工艺

序号	工序名称	工序内容	加工设备
1	备料	按尺寸 305mm×145mm×25mm 下料	
2	铣	铣六面成 300mm×140mm×20mm，均留 2～3mm	普通铣床
3	热处理	调质 28～32HRC	
4	铣	铣六面成 300mm×140mm×20mm，20mm 留 0.7～0.8mm，其余达图样要求	普通铣床
5	平磨	磨 20mm 达图样要求，磨垂直基准面，互相垂直，保证两相邻基准侧面的垂直度≤0.02mm	平面磨床
6	数铣	1）镗 4×ϕ28 mm 孔及沉孔 ϕ33，深 5mm，钻螺钉过孔 4×ϕ9； 2）背面锪沉孔 4×ϕ15	数控铣床
7	检验	按工序内容进行检验	

任务 2.15　动模座板加工

动模座板零件如图 7-17 所示，共 1 件，材料为 45 钢，坯料尺寸 305mm×275mm×30mm。要求按照加工工艺完成零件制作，达到图样要求。

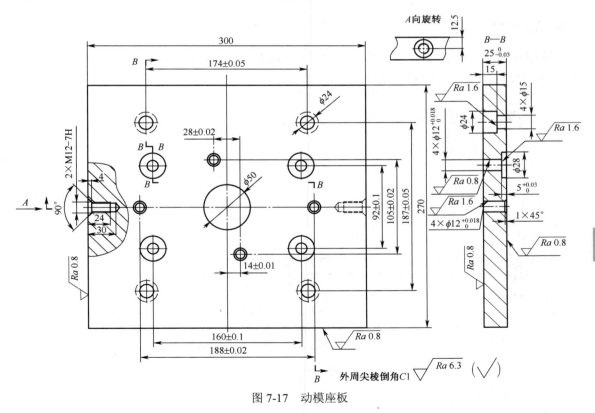

图 7-17　动模座板

动模座板加工工艺见表 7-16。

表 7-16　动模座板加工工艺

序号	工序名称	工序内容	加工设备
1	备料	按尺寸 305mm×275mm×30mm 下料	
2	铣	铣六面成 300mm×270mm×25mm，均留 2～3mm	普通铣床
3	热处理	调质 28～32HRC	
4	铣	铣六面成 300mm×270mm×25mm，25mm 留 0.4～0.5mm，其余达图样要求	普通铣床
5	平磨	磨 25mm 达图样要求，磨垂直基准面，互相垂直，保证两相邻基准侧面的垂直度≤0.02mm	平面磨床
6	数铣	钻、铰支撑钉孔 $4×\phi12_0^{+0.018}$，锪沉孔 $\phi28$ 深 5mm，钻螺钉过孔 $4×\phi15$，锪沉孔 $\phi24$，镗 $\phi50$ 推出孔，镗支撑柱安装孔 $4×\phi12_0^{+0.018}$	数控铣床
7	镗	钻侧面 $2×M12$ 螺钉底孔	坐标镗床
8	钳	攻螺纹、去毛刺、倒角、修配	
9	检验	按工序内容进行检验	

任务 2.16　推杆 Ⅱ 加工

推杆 Ⅱ 零件如图 7-18 所示，共 4 件，材料为 T8A，坯料尺寸 $\phi10×150\,mm$。要求按照加工工艺完成零件制作，达到图样要求。

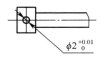

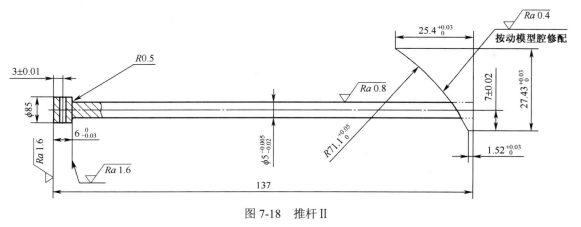

图 7-18　推杆 Ⅱ

推杆 Ⅱ 加工工艺见表 7-17。

表 7-17　推杆 Ⅱ 加工工艺

序号	工序名称	工序内容	加工设备
1	备料	棒料，$\phi10\times150$mm	
2	车	型面端加长，做中心孔，车外圆，$\phi5$ 留余量 0.4～0.5mm，挂台 6mm 留 0.2～0.25mm	普通车床
3	镗	钻、铰 $\phi2^{+0.01}_{0}$ 孔	坐标镗床
4	热处理	淬火 50～55HRC	
5	车	研中心孔	车床
6	圆磨	磨 $\phi5$ 达图样要求，靠磨端面	外圆磨床
7	工具磨	磨加长，磨端面，保证 $6^{0}_{-0.03}$ mm	工具磨床
8	线切割	以 $\phi2$ 孔找正，切 $R71.1$ 圆弧面，留 0.1～0.2mm 修配量	电火花线切割机床
9	钳	与动模型腔一起修配 $R71.1$ 圆弧面并抛光	
10	检验	按工序内容进行检验	

任务 2.17　推杆Ⅲ加工

推杆Ⅲ零件如图 7-19 所示，共 1 件，材料为 T8A，坯料尺寸 $\phi20\times135$mm。要求按照加工工艺完成零件制作，达到图样要求。

推杆Ⅲ加工工艺见表 7-18。

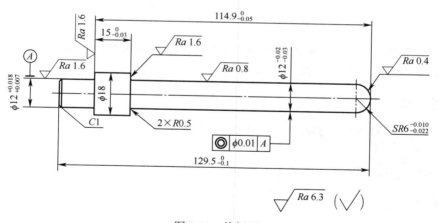

图 7-19　推杆Ⅲ

表 7-18　推杆Ⅲ加工工艺

序号	工序名称	工序内容	加工设备
1	备料	棒料，$\phi20\times135$mm	
2	车	车外圆，$\phi12^{-0.02}_{-0.03}$、$\phi12^{+0.018}_{+0.007}$ 处均留余量 0.4～0.5mm，$15^{0}_{-0.03}$ mm 留 0.2～0.25mm，$SR6$ 半球面留 0.02mm 抛光量，$\phi18$ 达图样要求	普通车床

序号	工序名称	工序内容	加工设备
3	热处理	淬硬 50～55HRC	
4	圆磨	磨 $\phi 12_{-0.03}^{-0.02}$、$\phi 12_{+0.007}^{+0.018}$ 达图样要求，靠磨端面，保证 $15_{-0.03}^{0}$ mm	外圆磨床
5	车	抛光 $SR6$ 半球面	普通车床
6	检验	按工序内容进行检验	

注意事项：

（1）数控铣床加工时应选择合适的切削参数和刀具。

（2）数控铣床加工前应检查工件装夹方向与编程方向是否一致。

（3）注意各模板上的孔之间的配作关系，合理安排操作顺序。

（4）注意浇口套、导柱等零件装入模板后，需要进行配磨。

（5）操作各类机床时要遵守机床安全操作规程。

【归纳总结】

通过任务 2 的学习，学生熟悉了榨汁机刀架注射模具各零件的结构及制造过程，完成了零件加工，为模具装配做好了准备。

任务 3 模具装配

【任务分析】

在模具零件加工完成后，根据装配图中零件之间的连接关系，要求按照装配工艺完成模具组件装配和总装配，达到注射模具装配要求。

【知识技能准备】

（1）具有注射模具零件装配工艺知识。

（2）具有钳工操作的基本技能。

（3）具有操作磨床等机床的知识与技能。

【任务实施】

装配榨汁机刀架注射模按如下步骤进行：

一、组件装配

1、滑块Ⅱ与型芯Ⅲ装配

（1）用油石将滑块Ⅱ43、型芯Ⅲ44 的安装面推顺、清理干净。

（2）用研磨膏将滑块Ⅱ与动模板 23 的滑配面互研，保证滑配精度，清理干净，上油。

（3）将销 47 敲入滑块Ⅱ，研磨销 47 与型芯Ⅲ配合部分，装入型芯Ⅲ，组合后配钻销孔，并装入销 41。

（4）检查滑块Ⅱ与动模板 23 之间的滑动有无卡滞现象。

2. 推出机构装配

（1）将导套Ⅱ31 压入推杆固定板 7，将复位杆 29、推杆Ⅰ9、推杆Ⅱ10、推杆Ⅲ34 等套装在推杆固定板上。

（2）装上推板 6，并用螺钉将推板与推杆固定板连接。

（3）将推出机构组件与动模垫板 26 上的复位杆及推杆过孔进行研合，保证滑配精度。

二、模具总装配

1. 动模装配

（1）将导柱 24 压入动模板 23，保证导柱挂台面与动模板底面齐平。

（2）将支撑柱 32 压入动模垫板 26。

（3）将压板 4 装入动模板 23，用手带紧螺钉，敲入销钉，并紧固螺钉；将滑块Ⅰ12 与压板 4、动模板 23 相应面进行研合，保证滑配精度；将销 11 装入动模板。

（4）将滑块Ⅱ与型芯Ⅲ组件装入动模板，将芯柱 50 装入型芯Ⅲ；将螺柱 48 和弹簧 49 装入动模垫板。

（5）将动模板分型面朝下，找两块等高垫铁（类似于垫块 27），垫在动模板分型面上，依次装上型芯Ⅱ19、动模垫板 26、弹簧 36、推出机构组件、垫块 27、已装入支撑钉 35 的动模座板 33，并紧固螺钉。

（6）将装配好的动模部分翻转，使分型面朝上，将顶出部件回落至底部，检查顶杆、复位杆的高度，符合图纸要求。

（7）将滑块Ⅱ组件回退到最大行程处，装入限位挡板 40、弹簧 39、螺钉 38。

（8）将型芯Ⅲ绕销 41 翻转，再将弹簧 49 挂在芯柱 50 上。

（9）装入水嘴 45，用扳手拧紧。

2. 定模装配

（1）将导套Ⅰ21 装入定模板 22，保证导套两端面与定模上下面齐平。

（2）将型芯Ⅰ18 及两个斜导柱装入定模板 22，保证各挂台面与定模板安装面齐平。

（3）将定模座板 20 按图纸摆放在定模板 22 上，保证各孔对准，然后装入浇口套 15，注意流道方向与动模流道方向保持一致，齐磨定模板下平面。

（4）将定位圈 16 装入定模座板，紧固螺钉。

（5）装入水嘴 45，用扳手拧紧。

三、试合模

将各自装好的动模、定模放在小型合模机上进行合模，检查斜导柱、滑块的配合精度、运动状态；检查分型面锁紧后是否存在间隙；检查顶出动作。

注意事项：

（1）装配前应准备好所需工具，并对标准零件和加工的非标准零件等进行检查，合格后才能进行装配。

（2）所有零件在装配前应去除毛刺，表面涂上适量润滑油。装配时，各零件应做好记号，方便今后拆装。

（3）模具的组装、总装应在平整、洁净的平台上进行，尤其是精密部件的组装。

（4）过盈配合和过渡配合的零件应在压力机上进行装配，一次装配到位。需手工进行装配时，只能使用木质或铜质的榔头。

（5）垫块安装要注意方向，不能装反。

（6）紧固内六角螺钉时，应对角均匀拧紧。

【归纳总结】

通过任务 3 的学习，熟悉了榨汁机刀架注射模的装配步骤及要求，完成了模具总装配，下一步可按照任务 4 中的步骤及要求完成模具试模任务。

任务 4 试模及调试

【任务分析】

榨汁机刀架注射模装配完成后，需进行试模，检查模具及制品质量是否合格，能否达到图纸要求。试模所用注射机型号为 XS-ZY-125。

【知识技能准备】

（1）熟悉注塑机的操作过程。

（2）熟悉注射模试模中常见问题及解决方法。

（3）熟悉模具在注射机上的安装步骤及注意事项。

（4）具备注射机操作的安全知识。

【任务实施】

榨汁机刀架注射模的试模及调试参考项目六进行。

注意事项：

（1）模具安装到注塑机上后要牢固可靠。

（2）应遵守机器的安全操作规程，确保操作安全。

（3）合模后，分型面之间不得有间隙。

（4）开模后顶出机构应保证顺利脱模，以便取出塑件及浇注系统凝料。

【归纳总结】

通过任务 4 的学习，完成了榨汁机刀架注射模的试模及调试。至此，已完整地学习了榨汁机刀架注射模的制造过程。

项目八
制造堵头橡胶模

【学习目标】

（1）学习、巩固橡胶模的理论知识。

（2）掌握橡胶模零件的加工工艺及加工方法。

（3）掌握橡胶模装配方法。

（4）进一步熟悉机械加工设备、模具加工专用设备，巩固及提高操作技能。

任务 1　模具制造前的准备

【识读模具装配图】

堵头橡胶模图样如图 8-1 所示，制件如图 8-2 所示。通过阅读模具装配图，要求学生熟悉模具结构、零件功能、装配关系及技术要求，了解模具工作过程。

堵头橡胶模是多腔整体式纯胶制品模具，采用定位销定位方式。上模部件包括上模板 2 和芯子 4，下模部件包括下模板 1 和导柱 3、5。模具结构简单，适用于小批量生产，机械加工方便。产品取出采用手拉出的方式。

【知识技能准备】

需具备橡胶模具的专业理论知识和模具零件加工等相关知识与技能。内容可参阅相关教材、专业书籍和手册等。

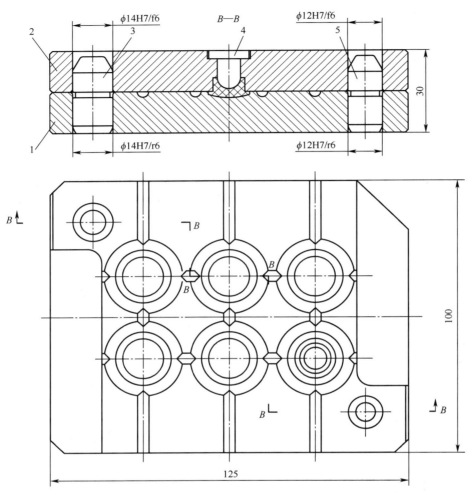

1-下模板 2-上模板 3-导柱 4-芯子 5-导柱

图 8-1 堵头橡胶模

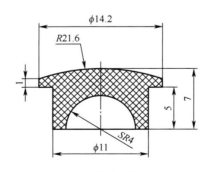

技术要求

1. 硬度：HSA50±5。

2. 颜色：黑。

图 8-2 堵头胶形图

【模具材料准备】

堵头橡胶模下料单见表 8-1。

表 8-1　堵头橡胶模下料单

序号	零件名称	材料	数量	规格	备注
1	下模板	45	1	130mm×105mm×20mm	调质 30～35HRC
2	上模板	45	1	130mm×105mm×20mm	调质 30～35HRC
3	导柱	45	1	ϕ18×35mm	调质 30～35HRC
4	芯子	45	6	ϕ18×30mm	调质 30～35HRC
5	导柱	45	1	ϕ16×35mm	调质 30～35HRC

【归纳总结】

通过任务 1 的学习，学生熟悉了堵头橡胶模结构，完成毛坯下料，做好了模具零件加工前的准备工作。

任务 2　模具零件加工

【任务分析】

堵头橡胶模需要加工的零件有下模板、上模板、导柱、型芯等，要求按照零件加工工艺完成各零件的制作，达到图样要求。

【知识技能准备】

（1）具有橡胶模具零件加工的工艺知识。
（2）具有钳工的基本操作技能，会划线、钻孔、铰孔、攻螺纹等钳工操作。
（3）具有操作车床、铣床、磨床、数控铣床等机械加工设备的知识与技能。

【任务实施】

任务 2.1　下模板加工

下模板零件如图 8-3 所示，共 1 件，材料为 45 钢，坯料尺寸 130mm×105mm×20mm。要求按照加工工艺完成零件制作，达到图样要求。

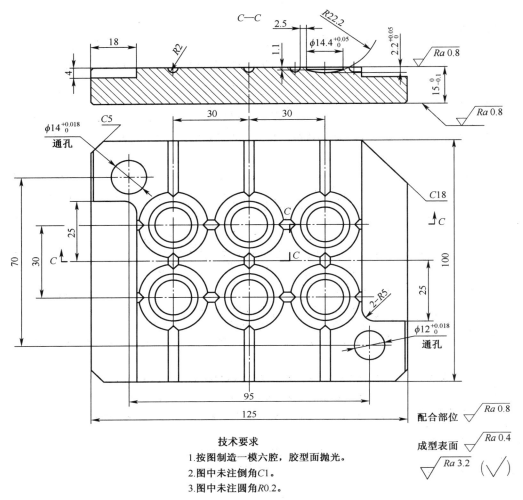

图 8-3　下模板

技术要求

1. 按图制造一模六腔，胶型面抛光。
2. 图中未注倒角C1。
3. 图中未注圆角R0.2。

下模板加工工艺见表8-2。

表 8-2　下模板加工工艺

序号	工序名称	工序内容	加工设备
1	备料	按尺寸 130mm×105mm×20mm 下料	
2	热处理	调质 30～35HRC	
3	铣	铣六面成 125.5mm×100.5mm×15.5mm，铣 $C5$、$C18$ 倒角达图样要求	普通铣床
4	平磨	磨上下面至尺寸，磨垂直基准面，保证两相邻基准侧面的垂直度 ≤0.02mm	平面磨床
5	数铣	1）上下模板协调，钻、扩、铰 $\phi14^{+0.018}_{0}$、$\phi12^{+0.018}_{0}$ 孔，两件同心； 2）以导柱孔找正，铣型腔，沿型留研磨余量0.01～0.02mm； 3）铣 $R2$ 流胶槽，铣 2 处台阶，深 4mm	数控铣床

序号	工序名称	工序内容	加工设备
6	钳	抛光型腔、研修流胶槽，外形倒角	
7	表面处理	型腔均匀镀铬，铬层厚度 0.003～0.005mm	
8	钳	抛光型腔，去积铬	
9	检验	按工序内容进行检验	

任务 2.2　上模板加工

上模板零件如图 8-4 所示，共 1 件，材料为 45 钢，坯料尺寸 130mm×105mm×20mm。要求按照加工工艺完成零件制作，达到图样要求。

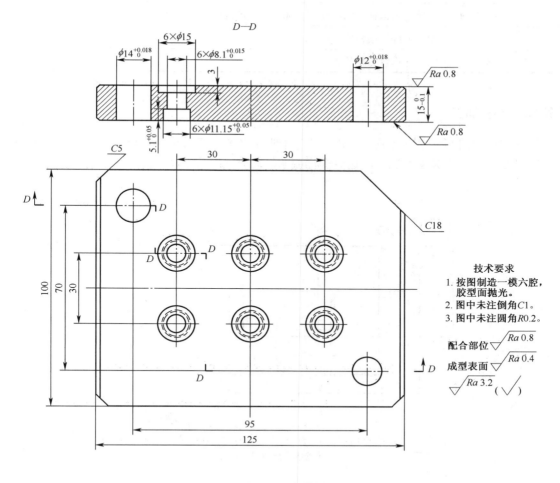

图 8-4　上模板

上模板加工工艺见表 8-3。

表 8-3　上模板加工工艺

序号	工序名称	工序内容	加工设备
1	备料	按尺寸 130mm×105mm×20mm 下料	
2	热处理	调质 30～35HRC	
3	铣	铣六面成 125.5mm×100.5mm×15.5mm，铣 C5、C18 倒角达图样要求	普通铣床
4	平磨	磨上下面至尺寸，磨垂直基准面，保证两相邻基准侧面的垂直度 ≤0.02mm	平面磨床
5	数铣	1）上下模板协调，钻、扩、铰 $\phi14_{0}^{+0.018}$、$\phi12_{0}^{+0.018}$ 孔，两件同心； 2）以导柱孔找正，铣型腔，沿型留研磨余量 0.01～0.02mm； 3）锪 6×ϕ15 沉孔	数控铣床
6	钳	抛光型腔	
7	表面处理	型腔均匀镀铬，铬层厚度 0.003～0.005mm	
8	钳	抛光型腔、去积铬	
9	检验	按工序内容进行检验	

任务 2.3　导柱加工

导柱零件如图 8-5、图 8-6 所示，各 1 件，材料为 45 钢，坯料尺寸 ϕ18×35mm、ϕ16×35mm。要求按照加工工艺完成零件制作，达到图样要求。

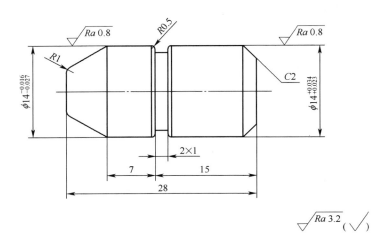

图 8-5　导柱 I

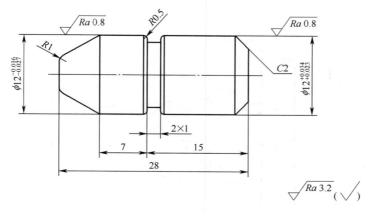

图 8-6　导柱 II

导柱加工工艺见表 8-4、表 8-5。

表 8-4　导柱 I 加工工艺

序号	工序名称	工序内容	加工设备
1	备料	棒料，$\phi18\times35$mm	
2	热处理	调质 30～35HRC	
3	车	1）车两端面，钻中心孔，保证长度 28mm 2）以中心孔定位，车外圆至$\phi14.4$，两端倒角，切槽 2mm×1mm	普通车床
4	圆磨	以中心孔定位，磨外圆面达图样要求	外圆磨床
5	检验	按工序内容进行检验	

表 8-5　导柱 II 加工工艺

序号	工序名称	工序内容	加工设备
1	备料	棒料，$\phi16\times35$mm	
2	热处理	调质 30～35HRC	
3	车	1）车两端面，钻中心孔，保证长度 28mm； 2）以中心孔定位，车外圆至$\phi12.5$，两端倒角，切槽 2mm×1mm	普通车床
4	圆磨	以中心孔定位，磨外圆面达图样要求	外圆磨床
5	检验	按工序内容进行检验	

任务 2.4　型芯加工

型芯零件如图 8-7 所示，共 6 件，材料为 45 钢，坯料尺寸$\phi18\times30$mm。要求按照加工工艺完成零件制作，达到图样要求。

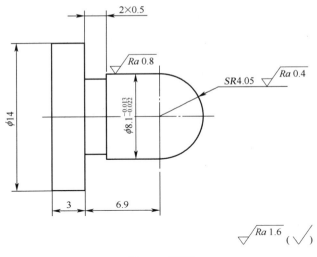

图 8-7　型芯

型芯加工工艺见表 8-6。

表 8-6　型芯加工工艺

序号	工序名称	工序内容	加工设备
1	备料	棒料，ϕ18×30mm	
2	热处理	调质 30～35HRC	
3	数车	1）车台阶外圆面及 SR4.05 球面，抛光球面； 2）掉头，车左端面，留 0.2mm 余量	数控车床
4	表面处理	球面均匀镀铬，铬层厚度 0.003～0.005mm	
5	钳	抛光镀铬面，去积铬	
6	检验	按工序内容进行检验	

【归纳总结】

通过任务 2 的学习和实操，学生熟悉了堵头橡胶模各零件的结构及制造过程，完成了零件加工，为模具装配做好准备。

任务 3　模具装配

【任务分析】

在模具零件加工完成后，根据装配图中零件之间的连接关系，要求按照装配工艺完成模具装配，达到橡胶模具装配要求。

【知识技能准备】

（1）具有橡胶模具零件装配工艺知识。

（2）具有钳工操作的基本技能。

【任务实施】

模具装配步骤如下：

（1）将型芯 4 压入上模板 1，配磨上端面。

（2）将导柱 3、5 压入下模板 2，保证 H7/r6 的过盈配合，同时保证合模时无卡滞现象。

（3）上下模合模。

【归纳总结】

通过任务 3 的学习，熟悉了堵头橡胶模的装配步骤及要求，完成了模具总装配，下一步可按照任务 4 的步骤及要求完成模具试模任务。

任务 4　试模及调试

【任务分析】

模具装配完成后，需进行试模，检查模具及工件质量是否合格，能否达到图纸要求。试模所用平板硫化机型号为海达 LXB-630。

【知识技能准备】

（1）熟悉平板硫化机的操作过程及注意事项。

（2）熟悉橡胶模具试模中的常见问题及解决办法。

（3）具备平板硫化机操作的安全知识。

【任务实施】

一、试模

模具完成总装配，经检查确认合格后对机床进行调整，确保试模工作的顺利进行。

（1）试模前应仔细阅读制品图纸及技术要求，了解所用胶料以及制品的形状和大小，并估计制品重量。

（2）熟悉模具结构，检查模具定位性能并考虑如何加料、启模和取出制品。

（3）将模具在平板硫化机中烘压加热 10～20min，取出后打开模具，趁热用棉纱擦洗分型面及成型表面。

（4）检查模具开启、合模是否方便和妥当。

（5）参照制品图纸，考虑加料方法，估计半成品重量，一般偏多为宜。

（6）试压第一模硫化制品后，观察制品有无缺陷。合格后，经修边、称重后，额外增加5%～10%胶料，复压第二模制品。

（7）试样制品硫化后，停放 24 小时后按制品图纸测量、核对样品外形尺寸及外观要求。

二、调试

试模时，若发现试样存在缺陷或模具工作不正常，应按成型设备、成型条件、模具结构和模具制造装配精度等因素，对试模中出现的问题进行全面具体的分析，找出产生的原因并采取有效的措施，使试模能够获得合格的制品。橡胶模试模中常见的问题及解决方法见表 8-7。

表 8-7　橡胶模具试模常见的问题及解决办法

常见缺陷	产生原因	解决办法
起泡	1）模压料固化不完全； 2）空气没有排净； 3）模温过高，使物料中某种成分气化或分解	1）提高模温或延长保温时间； 2）增加排气次数； 3）降低模温
缺料	1）模具配合间隙过大或溢料孔太大； 2）操作太快或太慢	1）调整模具配合公差和溢料孔尺寸； 2）适当调节合模温度和加压时机
烧焦	模具温度过高	适当降低模温
表面无光泽	1）模具温度过高或过低； 2）粘模； 3）模具表面粗糙	1）调整模温； 2）使用合适的脱模剂； 3）提高模具表面粗糙度

【归纳总结】

通过任务 4 的学习，完成了堵头橡胶模的试模及调试。至此，已完整地学习了堵头橡胶模的制造过程。

项目九
制造挡板复合材料成型模

【学习目标】

（1）学习、巩固复合材料成型模的理论知识。

（2）掌握复合材料成型模零件的加工工艺及加工方法。

（3）进一步熟悉机械加工设备、巩固及提高操作技能。

任务 1　模具制造前的准备

【识读模具图样】

挡板复合材料成型模如图 9-1 所示。通过阅读模具零件图样，要求学生能熟悉模具结构，了解模具工作过程。

挡板复合材料成型模是整体式结构模具，尺寸较大。模具壁厚均匀，前后各有 4 个减轻孔，顶部划零件边缘线及等宽线。根据技术要求，建议分割为两镶块，分别加工，再进行拼焊。

【知识技能准备】

需具备复合材料成型模的专业理论知识和模具零件加工等相关知识与技能。内容可参阅相关教材、专业书籍和手册等。

【模具材料准备】

挡板复合材料成型模下料单见表 9-1。

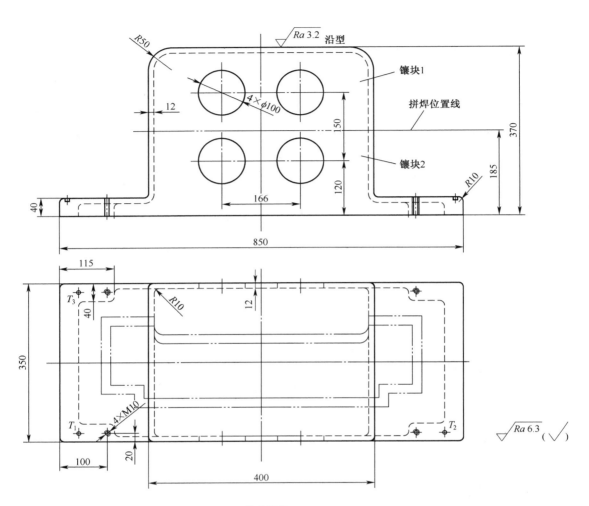

技术要求

1. 成型模按数模制造，型面公差+0.1~+0.3。
2. 标记出 T_1、T_2、T_3 在设计坐标系下的实测值，加工坐标须与设计坐标系保持一致。
3. 进行气密性检查和热分布试验。
4. 工装上划出零件边缘线，20mm等宽线，并在工装非工作区域做出标记（标记不能打在粘贴密封胶区域）。
5. 工装上带压力垫（压力垫材料为A1RPAD）。
6. 工装上允许用板料Q235焊接。

图 9-1 挡板复合材料成型模

表 9-1 挡板复合材料成型模下料单

序号	零件名称	材料	数量	规格	备注
1	镶块1	Q235	1	195mm×360mm×410mm	
2	镶块2	Q235	1	195mm×360mm×860mm	

【归纳总结】

通过任务 1 的学习，学生熟悉了挡板复合材料成型模结构，完成毛坯下料，做好了模具零件加工前的准备工作。

任务2　模具零件加工

【任务分析】

要求按照加工工艺完成模具制作，达到图样要求。

【知识技能准备】

（1）具有复合材料成型模具零件加工的工艺知识。
（2）具有钳工的基本操作技能，会划线、钻孔、铰孔、攻螺纹等钳工操作。
（3）具有操作磨床、数控铣床等机械加工设备的知识与技能。

【任务实施】

该模具由单个零件构成，材料为 Q235 钢。按表 9-1 内容备料，要求按表 9-2、表 9-3 所示加工工艺完成零件制作，达到图样要求。

表 9-2　复合材料成型模镶块 1 加工工艺

序号	工序名称	工序内容	加工设备
1	备料	按尺寸 195mm×360mm×410mm 下料	
2	铣	铣外形成 185mm×350mm×400mm，保证对面平行、邻面垂直，平行度、垂直度≤0.3mm，2-R50 圆角铣成 29×45° 倒角，4-R10 圆角铣成 5×45° 倒角	普通铣床
3	钳	1）划线：在 185mm 下面划型腔线 364mm×314mm，单面留余量 6mm，并在 364mm×314mm 型腔线内划 ϕ30 排钻孔，四角划 ϕ20 孔线； 2）划 2×ϕ100 孔位线	
4	钻	以 185mm 上面为基准，在 185mm 下面钻孔。注意：在四角 38mm×38mm 范围内钻孔深度不大于 135mm，其余型腔内钻孔深不大于 167mm	摇臂钻床
5	数铣	1）以 185mm 上面为基准，分层铣 376mm×326mm 成 370mm×320mm，型腔单面留余量 3mm。注意，铣四角 38mm×38mm 范围编程时铣削深度要合适，保证精铣型腔底部四角 R38 时可以铣出，其余部位深度为 170mm； 2）铣 2×ϕ100 孔至尺寸	数控铣床
6	钳	去毛刺倒棱，修磨 2-R50 圆角，4-R10 圆角	

表 9-3 复合材料成型模镶块 2 加工工艺

序号	工序名称	工序内容	加工设备
1	备料	按尺寸 195mm×360mm×860mm 下料	
2	铣	铣六面成 185mm×350mm×850mm，保证平行度、垂直度≤0.3mm	普通铣床
3	钳	划台阶面及圆孔加工线，单面留余量 2～3mm；划内型减轻孔线，单面留余量 2～3mm	
4	钻	按线钻排孔下内型大余量，单面留 5～8mm 余量	摇臂钻床
5	数铣	铣 2×ϕ100 减轻孔，铣内型减轻孔窝，粗铣外型和凸台，沿型留 2～3mm 余量	数控铣床
6	钳、焊	将镶块 1、镶块 2 进行焊接	
7	时效	去应力，加热至 500℃～600℃，随炉冷却	
8	数铣	1）粗铣成型模型面，钻、铰 3×ϕ6 基准孔，孔与基准平面垂直度≤0.1mm，铣各台阶面； 2）精铣成型模底面，校平，平面度≤0.15mm； 3）精铣成型模型面，扩正 3×ϕ8H9 基准孔，孔与基准平面垂直度≤0.1mm； 4）精铣成型模型面，表面粗糙度达 Ra3.2，局部允许达 Ra6.3； 5）无余量切削成型模型面； 6）刻成型模零件外形线，20mm 等宽线	5 坐标数控铣床
9	钳	1）清理干净型面； 2）加深各线，并作标记，划铺层坐标系； 3）打光非工作面，非工作边倒圆角； 4）打基准孔轴线和基准面交点实测值； 5）打标记，标牌，基准孔实测值，模具称重，标出外廓尺寸	
10	检验	按工序内容进行检验	

注意事项：复合材料成型模具对密封性能要求较高，在所有加工工序完成后，必须进行气密性检查。气密试验的方法是铺一层玻璃钢预浸料，制袋抽真空进固化炉加热固化，如果固化后玻璃钢制件上有发黄的区域，说明该区域可能存在气密问题，需要进行补焊并在背面涂密封胶。

【归纳总结】

通过任务 2 的学习，熟悉了复合材料成型模的加工步骤及要求。在气密性试验及热分布试验检查合格后，模具可投入生产使用。

项目九

附录

附录一　冲压模具装配技术要求

一、模具外观要求

（1）铸件表面应清理干净，使其光滑，并涂以绿色、蓝色或灰色油漆，使其美观。

（2）模具加工表面应平整，无锈斑、锤痕、碰伤、焊补等；除刃口、型孔外，其他锐边、尖角倒钝。

（3）模具质量大于 25kg 时，模具上应装有起重杆或吊钩、吊环。

（4）模具的正面模板上，应按规定打刻编号、制件号、使用压力机型号、制造日期等。

二、工作零件装配技术要求

（1）凸模、凹模、凸凹模与固定板装配后，在 100mm 长度上垂直度允许误差：

1）刃口间隙≤0.06mm 时，小于 0.04mm。

2）0.15mm≥刃口间隙>0.06mm 时，小于 0.08mm。

3）刃口间隙>0.15mm 时，小于 0.12mm。

（2）凸模、凹模、凸凹模与固定板装配后，其安装尾部与固定板底面必须在平面磨床上磨平。表面粗糙度 Ra 在 1.6μm～0.80μm 以内。

（3）多个凸模工作部分高度的相对误差不大于 0.1mm。

（4）镶拼的凸模或凹模，其刃口两侧平面应光滑一致，无接缝感觉。对弯曲、拉深、成型模的镶拼凸模或凹模工作表面，在接缝处的平面度不大于 0.02mm。

三、紧固件装配技术要求

（1）螺栓装配后，必须拧紧，不许有任何松动。螺纹旋入长度在钢件连接时，不小于螺栓的直径。铸件连接时不小于 1.5 倍螺栓直径。

（2）定位圆柱销与销孔的配合松紧适度。圆柱销与每个零件的配合长度应大于 1.5 倍直径。

四、凸模、凹模间隙装配技术要求

（1）冲裁凸模、凹模的配合间隙必须均匀。其误差不大于规定间隙的 20%，局部尖角或转角处不大于规定间隙的 30%。

（2）压弯、成型、拉深类凸模、凹模的配合间隙装配后必须均匀。其偏差值最大不超过"料厚+料厚的上偏差"，最小值不超过"料厚+料厚的下偏差"。

五、模具闭合高度装配技术要求

（1）模具闭合高度≤200mm 时，允许误差为-3～+1mm。

（2）400mm≥模具闭合高度>200mm 时，允许误差为-5～+2mm。

（3）模具闭合高度>400mm 时，允许误差为-7～+3mm。

六、顶出、卸料件装配技术要求

（1）冲压模具装配后，其卸料板、推件板、顶板、顶圈均应露出凹模表面、凸模顶端、凸凹模顶端 0.5～1mm。

（2）弯曲模顶件板装配后，在处于最低位置时，料厚为 1mm 以下时允许误差为 0.01～0.02mm。料厚大于 1mm 时允许误差为 0.02～0.04mm。

（3）顶杆、推杆长度，在同一模具装配后应保持一致，允许误差小于 0.1mm。

（4）卸料机构动作要灵活、无卡阻现象。

七、模板平行度装配技术要求

装配后上模板上平面与下模板下平面的平行度有以下要求。

冲裁模：

（1）刃口间隙≤0.06mm 时，在 300mm 长度内≤0.06mm。

（2）刃口间隙>0.06mm 时，在 300mm 长度内≤0.08mm。

其他模具：

在 300mm 长度内≤0.10mm。

八、模柄装配技术要求

（1）模柄对上模板垂直度在 100mm 长度内≤0.05mm。

（2）浮动模柄凸凹球面接触面积≥80%。

九、其他要求

（1）定位及挡料尺寸应正确。冲压用的板料毛坯的定位尺寸是直接影响制件质量和材料消耗的，必须要达到图纸要求。

（2）出料孔（槽）应畅通无阻，保证制件或废料不致卡死在冷冲模内。

（3）标准件应能互换，尤其是紧固螺钉和定位圆柱销应保证与其孔的配合良好。

（4）装配完毕后，模具应在生产条件下进行试冲，冲出的制件应完全符合图纸要求。

附录二　塑料模具装配技术要求

一、模具外观要求

（1）模具非工作部分的棱边应倒角。

（2）装配后的闭合高度、安装部位的配合尺寸、顶出形式、开模距离等均应符合设计要求及使用设备的技术条件。

（3）各零件之间的支撑面要互相平行，平行度≤0.05/200mm。

（4）大中型模具应有起重吊钩、吊环，以便模具安装应用。

（5）装配后的模具应打上动、定模方向记号、编号及使用设备型号等。

二、模架零件的装配技术要求

（1）模架上下平面的平行度误差在 300mm 长度内应不大于 0.05mm（精度要求高的为 0.02mm）。

（2）导柱、导套是模具合模和开模的导向装置，它们是分别安装在塑料模动、定模上的。装配后，要求达到设计所要求的配合精度和具有良好的导向定位作用。一般采用压入法装配到模板的导柱、导套孔内。

（3）导柱、导套装配后，应垂直于模板表面，要求导柱、导套轴线对模板平面的垂直度误差在 100mm 长度内应不大于 0.02mm。导柱孔至基准面的边距公差为 ±0.02mm。基准面的直角相邻两面应作出明显标记。

（4）导柱与导套的配合间隙应控制在 0.02～0.04mm 之间，要求滑动灵活、平稳，无卡阻现象。

（5）导柱、导套与模板孔固定结合面之间不允许有间隙。一般导柱固定部分与模板固定孔的配合为 H7/k6。当采用带头导套时，导套固定部分与模板固定孔的配合为 H7/k6；当采用直导套时，配合为 H7/n6。

（6）分型面闭合时，应贴合紧密，如有局部间隙，其间隙值不大于 0.03mm。

（7）模架组装后，其导向精度要达到设计要求，并对动、定模有良好的导向与定位作用。

三、成型零件及浇注系统的装配技术要求

（1）成型零件的尺寸精度、形状和位置精度应符合设计要求。

（2）成型零件及浇注系统的表面应光洁，无死角、塌坑、划伤等缺陷。

（3）型腔分型面、浇道系统、进料口等部位应保持锐边，不得修整为圆角。

（4）互相接触的型芯与型腔、挤压环、柱塞和加料室之间应有适当间隙或适当的承压面积，以防在合模时零件互相直接挤压造成损伤。

（5）处理有腐蚀性的塑料时，对成型表面应镀铬、抛光，以防腐蚀。

（6）装配后，互相配合的成型零件相对位置精度应达到设计要求，以保证成型制品尺寸、形状精度。

（7）拼块、镶嵌式的型腔或型芯，应保证拼接面配合严密、牢固，表面光洁、无明显接缝。

四、活动零件的装配技术要求

（1）各滑动零件的配合间隙要适当，起止位置定位要准确可靠。

（2）活动零件导向部位运动要平稳、灵活、互相协调一致，不得有卡阻现象。

五、锁紧及紧固零件的装配技术要求

（1）锁紧零件要锁紧有力、准确、可靠。

（2）紧固零件要紧固有力，不得松动。

（3）定位零件要配合松紧合适，不得有松动现象。

六、推出机构的装配技术要求

（1）各推出零件动作协调一致、平稳、无卡阻现象。

（2）有足够的强度和刚度，良好的稳定性，工作时受力均匀。

（3）开模时应保证制件和浇注系统的顺利脱模及取出，合模时应准确退回原始位置。

七、导向机构的装配技术要求

（1）导柱、导套装配后，应垂直于模座，滑动灵活、平稳、无卡阻现象。

（2）导向精度要达到设计要求，对动、定模具有良好导向、定位作用。

（3）斜导柱应具有足够的强度、刚度及耐磨性，与滑块的配合适当，导向正确。

（4）滑块和滑槽配合松紧适度，动作灵活，无卡阻现象。

八、加热冷却系统的装配技术要求

（1）冷却装置要安装牢固，密封可靠，不得有渗漏现象。

（2）加热装置安装后要保证绝缘，不得有漏电现象。

（3）各控制装置安装后，动作要准确、灵活，转换应及时、协调一致。

附录三　国家标准摘选

附表 3-1　外圆表面加工方案

序号	加工方案	经济精度等级	表面粗糙度 Ra/μm	适用范围
1	粗车	> IT11	12.5～50	适用于淬火钢以外的各种金属
2	粗车→半精车	IT9～IT10	3.2～6.3	
3	粗车→半精车→精车	IT9～IT10	0.8～1.6	
4	粗车→半精车→精车→滚压（或抛光）	IT8～IT10	0.025～0.2	
5	粗车→半精车→磨削	IT7～IT8	0.4～0.8	主要用于淬火钢，也可用于未淬火钢，但不宜加工有色金属
6	粗车→半精车→粗磨→精磨	IT6～IT7	0.1～0.8	
7	粗车→半精车→粗磨→精磨→超精加工（或轮式超精磨）	IT5	<0.1	
8	粗车→半精车→精车→金刚石车	IT6～IT7	0.025～0.4	主要用于要求较高的有色金属的加工
9	粗车→半精车→粗磨→精磨→超精磨或镜面磨	<IT5	<0.025	极高精度的外圆加工

附表 3-2　孔加工方案

序号	加工方案	经济精度等级	表面粗糙度 Ra/μm	适用范围
1	钻削	IT11～IT12	12.5	加工未淬火钢及铸铁的实心毛坯，也可用于加工有色金属（但表面粗糙度稍大，孔径小于 15～20mm）
2	钻削→铰削	IT9	1.6～3.2	
3	钻→粗铰→精铰	IT7～IT8	0.8～1.6	
4	钻→扩	IT10～IT11	6.3～12.5	同上，孔径为 15～20mm
5	钻→扩→铰	IT8～IT9	1.6～3.2	
6	钻→扩→粗铰→精铰	IT7	0.8～1.6	
7	钻→扩→机铰→手铰	IT6～IT7	0.1～0.4	
8	钻→扩→拉	IT7～IT9	0.1～1.6	大批大量生产（精度由拉刀的精度而定）
9	粗镗（或扩孔）	IT11～IT12	6.3～12.5	除淬火钢外各种材料，毛坯有铸出孔或锻出孔
10	粗镗（粗扩）→半精镗（精扩）	IT8～IT9	1.6～3.2	
11	粗镗（扩孔）→半精镗（精扩）→精镗（铰）	IT7～IT8	0.8～1.6	
12	粗镗（扩孔）→半精镗（精扩）→精镗→浮动镗刀精镗	IT6～IT7	0.4～0.8	

续表

序号	加工方案	经济精度等级	表面粗糙度 Ra/μm	适用范围
13	粗镗（扩孔）→半精镗→磨孔	IT7～IT8	0.2～0.8	主要用于淬火钢，也可用于未淬火钢，但不宜加工有色金属
14	粗镗（扩孔）→半精镗→精镗→金刚镗	IT6～IT7	0.1～0.2	
15	粗镗→半精镗→精镗→金刚镗	IT6～IT7	0.05～0.4	
16	钻削→（扩孔）→粗铰→精铰→珩磨钻→扩孔→拉削→珩磨粗镗→半精镗→精镗→珩磨	IT6～IT7	0.025～0.2	精度要求很高的孔
17	以研磨代替上述方案中的珩磨	<IT6	0.025～0.2	

附表 3-3 平面加工方案

序号	加工方案	公差等级	表面粗糙度值 Ra/μm	适用范围
1	粗车→半精车	IT9	3.2～6.3	主要用于加工端面
2	粗车→半精车→精车	IT7～IT8	0.8～1.6	
3	粗车→半精车→磨削	IT8～IT9	0.2～0.8	
4	粗刨（或粗铣）→精刨（或精铣）	IT9	1.6～6.3	一般用于不淬火硬平面
5	粗刨（或粗铣）→精刨（或精铣）→刮研	IT6～IT7	0.1～0.8	精度要求较高的不淬火硬平面，批量较大时宜采用宽刃精刨
6	以宽刃刨削代替上述方案中的刮研	IT7	0.2～0.8	
7	粗刨（或粗铣）→精刨（或精铣）→磨削	IT7	0.2～0.8	精度要求较高的淬火硬平面或未淬火硬平面
8	粗刨（或粗铣）→精刨（或精铣）→粗磨→精磨	IT6～IT7	0.02～0.4	
9	粗铣→拉削	IT7～IT9	0.2～0.8	大量生产，较小的平面（精度由拉刀精度而定）
10	粗铣→精铣→磨削→研磨	<IT6	<0.1	高精度平面

附表 3-4 中等尺寸模具零件加工工序余量

单位：mm

本工序→下工序		本工序表面粗糙度值 Ra/μm	本工序单面余量/mm	说明
锯削	锻造		型材尺寸<250 时取 2～4，>250 时取 3～6	锯床下料，端面上的余量
	车削		加工中心孔时，长度上的余量为 3～5	
			夹头长度>70 时取 8～10，<70 时取 6～8	工艺夹头量

本工序→下工序		本工序表面粗糙度值 Ra/μm	本工序单面余量/mm				说明
钳工	插削、铣削		排孔与线边距 0.3～0.5，孔距 0.1～0.3				主要用于排孔挖料
铣削	插削		5～10				主要用于型孔、窄槽的清角加工
刨削	铣削	6.3	0.5～1				加工面的垂直度、平行度误差取本工序余量的 1/3
铣削、插削	精铣、仿刨	6.3	0.5～1				加工面的垂直度、平行度误差取本工序余量的 1/3
钻	镗孔	6.3	1～2				孔径大于 30mm 时，余量稍增加
	铰孔	3.2	0.05～0.1				小于 14mm 的孔
车削	磨外圆	3.2	工件直径	工件长度			加工表面的垂直度、平行度误差取本工序余量的 1/3
				～30	>30～60	>60～120	
			3～30 30～60 60～120	0.1～0.12 0.12～0.17 0.17～0.22	0.12～0.17 0.17～0.22 0.22～0.28	0.17～0.22 0.22～0.28 0.28～0.33	
	磨孔	1.6	工件孔深	工件孔径			
				～4	4～10	10～50	
			3～15 15～30	0.02～0.05 0.05～0.08	0.05～0.08 0.08～0.12	0.08～0.13 0.12～0.18	
刨铣	磨削	3.2	平面尺寸<250 时取 0.3～0.5，>250 时取 0.4～0.6；外形取 0.2～0.3，内形取 0.1～0.2				加工面的垂直度、平行度误差取本工序余量的 1/3
刨削、插削			0.15～0.25 0.1～0.2				
精铣、插削		1.6 3.2	0.1～0.15 0.1～0.2				加工面的垂直度、平行度误差应符合要求
刨削	钳工锉修打光	3.2	0.015～0.025				要求上下锥度误差<0.03mm
仿形铣		3.2	0.05～0.15				仿形刀痕与理论型面的最小余量

续表

本工序→下工序		本工序表面粗糙度值 Ra/μm	本工序单面余量/mm	说明
精修、钳修	研抛	1.6	<0.05	加工表面要求保持工件的形状精度、尺寸精度和表面粗糙度
		1.6	0.01～0.02	
车削、镗削、磨削		0.8	0.005～0.01	
电火花加工	研抛	3.2～1.6	0.01～0.03	用于型腔表面等的加工
线切割	研抛	3.2～1.6	<0.01	凹模、凸模、导向卸料板、固定板
		0.4	0.02～0.03	型腔、型芯、镶块
平面磨削	研抛	0.4	0.15～0.25	可用于准备电火花线切割、成形磨削和铣削等划线坯料

附表3-5　内六角圆柱头螺钉

单位：mm

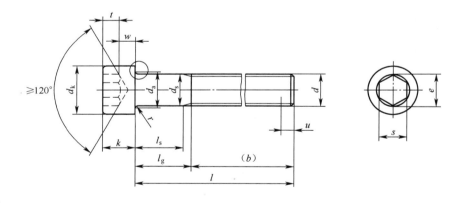

标记示例：

螺纹规格 d=M5、公称长度 l=20mm，性能等级为8.8级，表面氧化的 A 级内六角圆柱头螺钉

螺钉　GB/T70.1　M5×20

螺钉		M4	M5	M6	M8	M10	M12	M16	M20
螺距 P		0.7	0.8	1	1.25	1.5	1.75	2	2.5
b 参考		20	22	24	28	32	36	44	52
d_k	max	7.00	8.50	10.00	13.00	16.00	18.00	24.00	30.00
	min	6.78	8.28	9.78	12.73	15.73	17.73	23.67	29.67

续表

螺钉		M4	M5	M6	M8	M10	M12	M16	M20
d_a	max	4.7	5.7	6.8	9.2	11.2	13.7	17.7	22.4
d_s	max	4.00	5.00	6.00	8.00	10.00	12.00	16.00	20.00
	min	3.82	4.82	5.82	7.78	9.78	11.73	15.73	19.67
e	min	3.443	4.583	5.723	6.683	9.149	11.429	15.996	19.437
k	max	4.00	5.00	6.0	8.00	10.00	12.00	16.00	20.00
	min	3.82	4.82	5.7	7.64	9.64	11.57	15.57	19.48
R	min	0.2	0.2	0.25	0.4	0.4	0.6	0.6	0.8
s	公称尺寸	3	4	5	6	8	10	14	17
	max	3.08	4.095	5.14	6.14	8.175	10.175	14.212	17.23
	min	3.02	4.02	5.02	6.02	8.025	10.025	14.032	17.05
t	min	2	2.5	3	4	5	6	8	10
u	max	0.4	0.5	0.6	0.8	1	1.2	1.6	2
w	min	1.4	1.9	2.3	3.3	4	4.8	6.8	8.6
l（长度系数）		6、8、10、12、16、20、25、30、35、40	8、10、12、16、20、25、30、35。40、45、50	10、12、16、20、25、30、35、40、45、50、55、60	12、16、20、25、30、35、40、50、55、60、65、70、80	16、20、25、30、35、40、45、50、55、60、65、70、80、90、100	20、25、30、35、40、45、50、55、60、65、70、80、90、100、110、120	25、30、35、40、45、50、55、60、65、70、80、90、100、110、120、130、140、150、160	25、30、35、40、45、50、55、60、65、70、80、90、100、110、120、130、140、150、160、180、200

附表3-6　内六角圆柱头螺钉通过孔尺寸

单位：mm

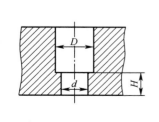

通过孔尺寸	螺钉						
	M6	M8	M10	M12	M16	M20	M24
d	7	9	11.5	13.5	17.5	21.5	25.5
D	11	13.5	16.5	19.5	25.5	31.5	37.5
H_{min}	3	4	5	6	8	10	12
H_{max}	25	35	45	55	75	85	95

附表 3-7　卸料螺钉孔的尺寸

单位：mm

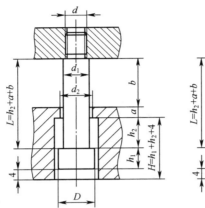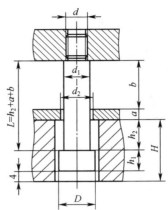

d	d_1	d_2	D	h_1	
				圆柱头螺钉	内六角圆柱头螺钉
M4	6	6.5	9	3.5	4
M6	8	8.5	12	5	6
M8	10	10.5	14.5	6	8
M10	12	13	17	7	10
M12	14	15	20	8	12

注：1. 图中 $a_{min} = \frac{1}{2} d_1$ ，用垫板时，a 值等于垫板厚度。

2. 在扩孔情况下，$H = h_1 + h_2 + 4$ ；使用垫板时可全部打通。

3. h_2 —卸料板行程；b —弹簧（橡胶）压缩后的高度。

附表 3-8　活动挡料销

单位：mm

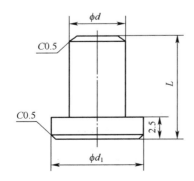

标记示例：

直径 $d=6$、长度 $L=14$ 的活动挡料销

活动挡料销 6×14　　JB/T 7649.9—2008

续表

d	d_1	L	d	d_1	L
3	6	8	6	10	14
		10			16
		12			18
		14			20
4	8	16	8	14	10
		8			16
		10			18
		12			20
		14			22
		16			24
		18	10	16	16
6	10	8			20
		12			

注：1. 材料由制造者选定，建议使用 45 钢。

　　2. 热处理硬度为 43～48HRC。

　　3. 技术条件按 JB/T 7653－2008 的规定。

附表 3-9　开式压力机技术参数

名称			单位	量值													
公称压力			kN	40	63	100	160	250	400	630	800	1000	1250	1600	2000	2500	3150	4000
滑块距下止点距离			mm	3	3.5	4	5	6	7	8	9	10	10	12	12	13	13	15
滑块行程			mm	40	50	60	70	80	100	120	130	140	140	160	160	200	200	250
行程次数			次/min	200	160	135	115	100	80	70	60	60	50	40	40	30	30	25
最大闭合高度	固定式和可倾式		mm	160	170	180	220	250	300	360	380	400	430	450	450	500	500	550
	活动台位置	最低	mm	—	—	—	300	360	400	460	480	500	—	—	—	—	—	—
		最高	mm	—	—	—	160	180	200	220	240	260	—	—	—	—	—	—
闭合高度调节量			mm	35	40	50	60	70	80	90	100	110	120	130	130	150	150	170
滑块中心到机身距离（喉深）			mm	100	110	130	160	190	220	260	290	320	350	380	380	425	425	480
工作台尺寸	左右		mm	280	315	360	450	560	630	710	800	900	970	1120	1120	1250	1250	1400
	前后		mm	180	200	240	300	360	420	480	540	600	650	710	710	800	800	900

续表

名称		单位	量值														
工作台孔尺寸	左右	mm	130	150	180	220	260	300	340	380	420	460	530	530	650	650	700
	前后	mm	60	70	90	110	130	150	180	210	230	250	300	300	350	350	400
	直径	mm	100	110	130	160	180	200	230	260	300	340	400	400	460	460	530
立柱间距离		mm	130	150	180	220	260	300	340	380	420	460	530	530	650	650	700
活动台压力机滑块中心到机身紧固工作台的平面距离		mm	—	—	—	150	180	210	250	270	300							
模柄孔尺寸（直径×孔深）		mm	$\phi30\times50$				$\phi50\times70$			$\phi60\times75$			$\phi70\times80$			T 形槽		
工作台板厚度		mm	35	40	50	60	70	80	90	100	110	120	130	130	150	150	170
垫板厚度		mm	30	30	35	40	50	65	80	100	100	100	—					
倾斜角（可倾式工作压力机）		(°)	30°	30°	30°	30°	30°	30°	30°	30°	25°	25°	25°	—			

附表 3-10　压入式模柄

单位：mm

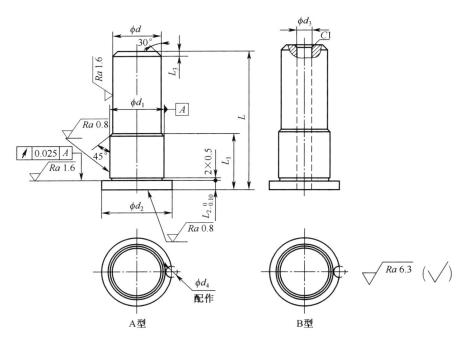

A型　　　　　　　　　　B型

标记示例：

直径 $d=30$、模柄长度 $L=73$ 的 A 型压入式模柄

压入式模柄 A　30×73　JB/T 7646.1—2008

续表

d（d11）		d₁（m6）		d₂	L	L₁	L₂	L₃	a	d₄（H7）		d₃
公称尺寸	极限偏差	公称尺寸	极限偏差							公称尺寸	极限偏差	
20		22		29	68	20						7
	−0.065 −0.195		+0.021 +0.008		73	25						
					78	30						
25		26		33	68	20	4	2	0.5			
					73	25						
					78	30						
					83	35				6	+0.012 0	
30*		32		39	73	25						
			+0.025 +0.009		78	30						
					83	35	5					11
					88	40						
32	−0.080 −0.240	34		42	73	25		1	1			
					78	30						
					83	35						
					88	40						

注：1. 表中带*为优先选用尺寸。

2. 由于实际中未普遍采用新标准，故本表中所列数值为旧标准。

附表 3-11　固定挡料销

单位：mm

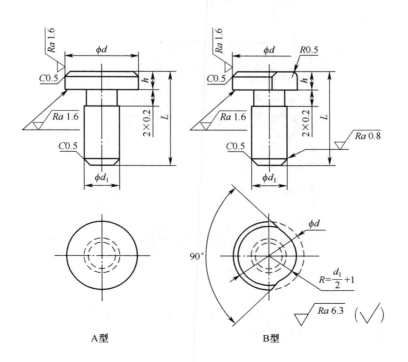

A型　　　　　　　　　　　B型

标记示例：

d＝8 的 A 型固定挡料销

固定挡料销 A　10　JB/T 7649.10—2008

d（h11）	d_1（m6）	h	L
6	3	3	8
8	4	2	10
10		3	13
16	8	3	13
20	10	4	16
25	12		20

注：1．材料由制造者选定，建议使用 45 钢。

2．热处理硬度为 43～48HRC。

3．技术条件按 JB/T 7653－2008 的规定。

附表 3-12　后侧导柱模架（摘自 GB/T 2851—2008）

单位：mm

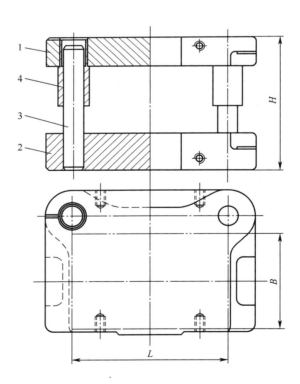

标记示例：

凹模周界尺寸 L＝200、B＝125、模架闭合高度 H＝170～205、材料为 HT200、Ⅰ级精度的后侧导柱模架

滑动导向模架 200×125×170～205　GB/T2851—2008

续表

凹模周界		闭合高度（参考）H		零件件号、名称及标准编号			
				1	2	3	4
				上模座 GB/T2855.1	下模座 GB/T2855.2	导柱 GB/T2861.1	导套 GB/2861.3
				数量			
L	B	最小	最大	1	1	2	2
				规格			
63	50	100	115	63×50×20	63×50×25	16×90	16×60×18
		110	125			16×100	
		110	130	63×50×25	63×50×30	16×100	16×65×23
		120	140			16×110	
63	63	100	115	63×63×20	63×63×25	16×90	16×60×18
		110	125			16×100	
		110	130	63×63×25	63×63×30	16×100	16×65×23
		120	140			16×110	
80	63	110	130	80×63×25	80×63×30	18×100	18×65×23
		130	150			18×120	
		120	145	80×63×30	80×63×40	18×110	18×70×28
		140	165			18×130	
100	63	110	130	100×63×25	100×63×30	18×100	18×65×23
		130	150			18×120	
		120	145	100×63×30	100×63×40	18×110	18×70×28
		140	165			18×130	
80	80	110	130	80×80×25	80×80×30	20×100	20×65×23
		130	150			20×120	
		120	145	80×80×30	80×80×40	20×110	20×70×28
		140	165			20×130	
100	80	110	130	100×80×25	100×80×30	20×100	20×65×23
		130	150			20×120	
		120	145	100×80×30	100×80×40	20×110	20×70×28
		140	165			20×130	
125	80	110	130	125×80×25	125×80×30	20×100	20×65×23
		130	150			20×120	
		120	145	125×80×30	125×80×40	20×110	20×70×28
		140	165			20×130	

凹模周界		闭合高度（参考）H		零件件号、名称及标准编号			
				1	2	3	4
				上模座 GB/T2855.1	下模座 GB/T2855.2	导柱 GB/T2861.1	导套 GB/2861.3
				数量			
L	B	最小	最大	1	1	2	2
				规格			
100	100	110	130	100×100×25	100×100×30	20×100	20×65×23
		130	160			20×120	
		120	145	100×100×30	100×100×40	20×110	20×70×28
		140	165			22×130	
125	100	120	150	125×100×30	125×100×35	22×110	20×80×28
		140	165			22×130	
		140	170	125×100×35	125×100×45	22×130	20×80×33
		160	190			22×150	
160	100	140	170	160×100×35	160×100×40	25×130	25×85×33
		160	190			25×150	
		160	195	160×100×40	160×100×50	25×150	25×90×38
		190	225			25×180	
200	100	140	170	200×100×35	200×100×40	25×130	25×85×33
		160	190			25×160	
		160	195	200×100×40	200×100×50	25×150	25×90×38
		190	225			25×180	
125	125	130	150	125×125×30	125×125×35	22×110	22×80×28
		140	165			22×130	
		140	170	125×125×35	125×125×45	22×130	22×85×33
		160	190			22×160	
160	125	140	170	160×125×35	160×125×40	25×130	25×85×33
		160	190			25×150	
		170	205	160×125×40	160×125×50	25×160	25×95×38
		190	225			25×180	
200	125	140	170	200×125×35	200×125×40	25×130	25×85×33
		160	190			25×150	
		170	205	200×125×40	200×125×50	25×160	25×95×38
		190	225			25×180	

附表 3-13　滑动导向后侧导柱模架下模座

单位：mm

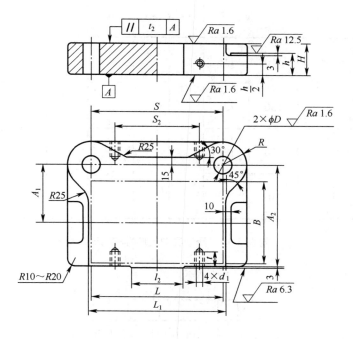

标记示例：

凹模周界尺寸 L=250、B=200、厚度 H=50 的后侧导柱模架下模座

滑动导向下模座后侧导柱 250×200×50　GB/T 2855.2—2008

凹模周界		H	h	L_1	S	A_1	A_2	R	L_2	DR7	d_2	t	S_2
L	B												
63	50	25		70	70	45	75	25	40	16			
		30											
63		25		70	70								
		30											
80	63	30	20	90	94	50	58	28		18	—	—	—
		40											
100		30		110	116								
		40											
80		30		90	94				60				
		40											
100	80	30		110	116	60	110	32		20			
		40											
125		30	25	130	130								
		40											

凹模周界		H	h	L_1	S	A_1	A_2	R	L_2	DR7	d_2	t	S_2
L	B												
100	100	30	25	110	116	75	130	32	60	20			
		40											
125		35		130	130			35		22			
		40											
160		40	30	170	170			38	80	25			
		50											
200		40		210	210								
		50											

附表 3-14　滑动导向后侧导柱模架上模座

单位：mm

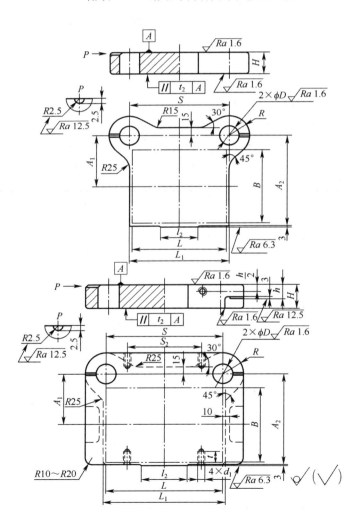

标记示例：

凹模周界尺寸 $L=200$、$B=160$、厚度 $H=45$ 的后侧导柱模架上模座

滑动导向上模座　后侧导柱　200×160×45　GB/T2855.1—2008

凹模周界		H	h	L_1	S	A_1	A_2	R	L_2	D H7	d_2	t	S_2
L	B												
63	50	20 25		70	70	45	75	25	40	25			
63		20 25		70	70								
80	63	25 30		90	94	50	85	28		28			
100		25 30		110	116								
80		25 30		90	94								
100	80	25 30		110	116	65	110	32	60	32			
125		25 30		130	130								
100		25 30	—	110	116						—	—	—
135		30 35		130	130			35		35			
160	100	35 40		170	170	75	130	33	80	38			
200		35 40		210	210								
125		30 35		130	130			36	60	35			
160	125	35 40		170	170								
200		35 40		210	210	85	150	38	80	38			
250		40 45		260	250			42	100	42			

凹模周界 L	凹模周界 B	H	h	L_1	S	A_1	A_2	R	L_2	D H7	d_2	t	S_2
160	160	40	30	170	170	110	195		80		M14-6H	28	
		45											
200		40		210	210	110	195						
		45											
250		45		260	250				100				150
		50											
200	200	45		210	210	130	235	45	80	45			120
		50											
250		45		260	250				100				150
		50											
315		45		325	305								200
		50						50		50			
250	250	45	35	260	250	160	290		100		M16-6H	32	140
		50											
315		50		325	305								200
		55						55		55			
400		50		410	390								280
		55											

注：压板台的形状尺寸由制造者确定。

附录四　评分标准

评分标准

班级		姓名		学号		总分	
序号	内容	配分	考核要求			评分	得分
1	识读图纸，熟悉模具结构	10	能独立识读图纸，对模具结构理解透彻			8～10	
			能独立识读图纸，模具结构理解较为透彻，细节要求处理解不到位			6～8	
			需要在老师指导下识读图纸，对模具结构不熟悉，理解较困难			0～5	
2	零件加工	20	能独立操作机床完成模具零件加工任务，质量合格			16～20	
			在老师的指导下能完成模具零件加工任务，质量合格			11～15	
			在老师的指导下能完成模具零件加工任务，但质量不高或理解接受能力较差			0～10	
3	模具装配	20	老师稍加指导就能够进行模具组件装配和模具总装配，各零件装配位置正确，连接可靠，模具冲裁间隙均匀，模具质量合格			16～20	
			在老师的指导下能进行模具组件装配和模具总装配，模具质量合格			11～15	
			在老师的指导下能完成任务，理解接受能力、动手能力较差			0～10	
4	工具使用及操作规范	15	能够正确、熟练使用钳工工具装配模具，操作安全、规范			11～15	
			在老师的指导下能够正确使用钳工工具装配模具，操作安全			6～10	
			使用钳工工具不规范，操作不正确或安全操作不够			0～5	
5	试模与调试	15	安装模具规范，能分析、解决试模中出现的问题，会对模具进行调试			11～15	
			在老师的指导下能够安装模具进行试模，并解决试模中出现的问题			6～10	
			在老师的指导下能够安装模具进行试模及调试，但掌握程度较差			0～5	
6	实训纪律	10	结合迟到、早退及旷课现象酌情扣分			0～10	
7	安全文明实训	10	结合卫生打扫、工具摆放等酌情扣分			0～10	

参考文献

[1] 张玉中，曹明，刘明洋. 模具制作实训[M]. 北京：国防工业出版社，2016.

[2] 谭海林. 模具制造技术[M]. 北京：北京理工大学出版社，2011.

[3] 王浩，张晓岩. 模具设计与制造实训[M]. 北京：机械工业出版社，2012.

[4] 张景黎，范乃连. 模具制造综合实训[M]. 北京：机械工业出版社，2016.

[5] 邱言龙. 模具钳工实用技术手册[M]. 北京：中国电力出版社，2010.

[6] 范乃连. 冷冲模具设计与制造[M]. 北京：机械工业出版社，2016.

[7] 任登安. 塑料模具制造技术[M]. 北京：机械工业出版社，2013.

[8] 张玉中，曹明，刘明洋. 钳工实训[M]. 北京：清华大学出版社，2015.

[9] 陈晓勇. 塑料模设计[M]. 北京：机械工业出版社，2011.

[10] 冯丙尧. 模具设计与制造简明手册[M]. 上海：上海科学技术出版社，2008.

[11] 邱言龙. 模具钳工实用技术手册[M]. 北京：中国电力出版社，2010.

[12] 林承全. 模具制造[M]. 北京：北京航空航天大学出版社，2015.

[13] 刘建超. 冲压模具设计与制造[M]. 北京：高等教育出版社，2016.